FONDATION EUGÈNE PIOT

ÉTUDES
SUR LA
SCULPTURE FRANÇAISE
AU
MOYEN AGE

PAR

ROBERT DE LASTEYRIE
MEMBRE DE L'INSTITUT

PARIS
ERNEST LEROUX, ÉDITEUR
28, RUE BONAPARTE, 28

1902

FONDATION EUGÈNE PIOT

Monuments et Mémoires publiés par l'Académie des Inscriptions et Belles-Lettres

Tome VIII

ÉTUDES

SUR LA

SCULPTURE FRANÇAISE

AU

MOYEN AGE

FONDATION EUGÈNE PIOT

Monuments et Mémoires publiés par l'Académie des Inscriptions et Belles-Lettres
Tome VIII

ÉTUDES

SUR LA

SCULPTURE FRANÇAISE

AU

MOYEN AGE

PAR

ROBERT DE LASTEYRIE

MEMBRE DE L'INSTITUT

PARIS

ERNEST LEROUX, ÉDITEUR

28, RUE BONAPARTE, 28

1902

ETUDES

SUR LA

SCULPTURE FRANÇAISE

AU

MOYEN AGE

CHAPITRE I

LE PORTAIL ROYAL DE LA CATHÉDRALE DE CHARTRES

Peu de sculptures du moyen âge jouissent d'une aussi grande célébrité que les admirables figures qui décorent la façade occidentale de la cathédrale de Chartres et encadrent d'une si riche parure les trois portes dont l'ensemble constitue le Portail royal[1].

L'étude de ces sculptures offre un intérêt d'autant plus grand que, par la date qu'on leur attribue communément, elles paraissent devoir prendre le pas sur toutes les œuvres similaires que l'on peut encore voir à la façade de nos grandes églises. Beaucoup d'archéologues les font remonter à l'année 1135, la plupart les datent de 1145 ou de 1150. Elles seraient donc du milieu du XIIe siècle au plus tard, et c'est un point si bien établi dans l'opinion de tous qu'on les prend habituellement comme point de repère pour apprécier l'âge des sculptures de même style qui existent encore dans d'autres églises, et qui procèdent manifestement de la même inspiration.

On comprend dès lors que l'on ait eu la curiosité de rechercher les origines de l'école artistique dont relève le Portail royal de

1. Voir notre planche I.

Chartres, que l'on ait voulu déterminer la genèse de cette école et les précédents auxquels elle se rattache.

Ce travail a été fait récemment dans un ouvrage[1] dont je ne puis approuver toutes les conclusions, mais qui dénote une étude approfondie des monuments de notre pays et la connaissance de ce que le XIIe siècle nous a laissé de plus important en fait de sculpture monumentale.

L'auteur de ce livre, M. Vöge, a cru trouver dans le Midi de la France, à Arles plus spécialement, l'école dont procéderaient les sculptures de Chartres. Elles seraient inspirées du portail de Saint-Trophime et de la riche décoration du cloître qui se dresse à l'ombre de cette église. Le Midi aurait donc joué à l'égard du Nord le même rôle en art qu'en littérature, et les sculpteurs des bords de la Méditerranée auraient exercé sur ceux de nos provinces septentrionales une influence comparable à celle que certains savants prêtent aux poètes de la Provence sur nos poètes lyriques de l'Ile-de-France ou de la Champagne[2].

Cette théorie de M. Vöge n'était pas d'ailleurs complètement nouvelle. M. Marignan avait déjà exprimé les mêmes idées, en 1893, à propos des recherches de M. Clemen sur le portail de l'église Notre-Dame de Corbeil[3]. Ce dernier auteur avait relevé de notables ressemblances entre les œuvres de l'école de Toulouse et les sculptures de Corbeil ou de Chartres. M. Marignan avait contesté ces rapprochements et conclu à l'influence de l'école de Provence plutôt qu'à celle de l'école de Toulouse. « Les statues de Saint-Trophime, avait-il dit, ont bien plus de parenté avec celles de Chartres que celles de Saint-Sernin et de Moissac. »

M. Courajod fit à cette doctrine une grave objection, c'est que le portail de Chartres est de l'avis de tous antérieur à 1150, tandis

1. Vöge, *Die Anfänge des monumentalen Stiles im Mittelalter* (Strasbourg, 1894, in-8°).

2. Voir le curieux livre de M. Jeanroy, *Les origines de la poésie lyrique en France au moyen âge* (Paris, 1889, in-8°).

3. *Le moyen âge*, t. XI (1898), p. 348.

que le portail et le cloître de Saint-Trophime ne seraient pas du XIIe siècle, mais seulement du XIIIe.

L'objection était grave. Elle conduisit M. Marignan à entreprendre une étude minutieuse des sculptures de Chartres et d'Arles, dans le but de concilier les théories de M. Vöge, qui lui étaient chères, avec l'opinion de M. Courajod sur l'âge de Saint-Trophime. Ses recherches, dont il a exposé les résultats dans deux mémoires récents[1], l'ont conduit à rajeunir le portail de Chartres d'un bon nombre de lustres, à attribuer au XIIIe siècle le portail et le cloître de Saint-Trophime, et à proposer, par une conséquence logique de ces prémisses, de rectifier les dates attribuées aux plus beaux spécimens de l'art provençal, le portail de Saint-Gilles, en première ligne.

Ces conclusions, si elles étaient fondées, auraient d'importantes conséquences, car elles nous obligeraient à rajeunir sensiblement un assez grand nombre de monuments dont les dates précises sont inconnues, mais qui sont évidemment contemporains de ceux-là; ce serait tout un chapitre de l'histoire de notre art national à rectifier. On ne s'étonnera donc pas que je me sois attaché à contrôler par le menu une thèse si bien faite pour attirer l'attention, et, après une revue consciencieuse de tout ce que nous savons ou croyons savoir de l'histoire de ces divers monuments, après un nouvel examen de ces sculptures, fait sur place avec le souci de recueillir en toute impartialité les moindres éléments d'appréciation qui peuvent nous fournir des arguments pour dater ces édifices, je suis arrivé à la conviction que la théorie de M. Vöge est erronée, que l'école de Chartres ne dérive pas de l'école de Provence, et que les sculptures d'Arles n'ont pu inspirer celles de Chartres dans la moindre mesure, car elles sont sûrement postérieures à ces dernières[2].

1. Ils ont été publiés dans le *Moyen âge*, le premier en 1898 (tome XI, p. 341 et s.), sous le titre de *Le portail occidental de Notre-Dame de Chartres*, le second en 1899 (tome XII, p. 1 et s.), sous le titre de l'*École de sculpture en Provence du XIIe au XIIIe siècle*. Tous deux ont été tirés à part.

2. M. Marignan qui, dans son premier mémoire (p. 6 du tirage à part), semblait adhérer

Il faut bien reconnaître que, malgré le nombre énorme de livres et de mémoires consacrés depuis un siècle à l'étude des monuments du moyen âge, la plus grande incertitude règne encore sur l'âge précis de beaucoup d'églises ; bien des dates que l'on trouve répétées partout, et que l'on considère comme certaines, n'ont jamais fait l'objet d'un examen vraiment critique.

C'est le cas notamment pour la plupart des édifices que l'on attribue au XIIe siècle.

Nous connaissons en gros la marche de l'art à cette époque, nous savons à peu près classer les édifices ; mais, quand on veut en serrer la chronologie d'un peu près, quand on veut fournir des preuves positives à l'appui des dates communément admises, on s'aperçoit que ces preuves font plus ou moins défaut, que les archéologues les plus autorisés se contentent de répéter sans contrôle les dates proposées par leurs devanciers d'une façon hypothétique à l'origine, puis avec plus d'assurance, et finalement avec une certitude imperturbable qui en a imposé à tout le monde.

C'est le cas notamment pour la cathédrale de Chartres ; la plupart des gens qui ont émis une opinion sur l'âge de son portail occidental n'ont jamais pris la peine de vérifier par une étude personnelle si les dates communément admises concordaient avec les enseignements que l'on peut tirer de l'examen du monument lui-même.

Rien pourtant n'eût été plus nécessaire, car si les textes anciens qui intéressent la cathédrale de Chartres sont nombreux, la plupart manquent de précision, et leur interprétation laisse place à bien des doutes.

Passons rapidement en revue les données qu'ils nous fournissent.

De la cathédrale qui existait à Chartres à la fin de l'époque carolingienne, le terrible incendie survenu dans la nuit du 7 au

pleinement à la théorie de M. Vöge, s'en est finalement écarté, car il déclare dans le second (p. 56) « que l'on ne peut indiquer une influence du Sud-Est de la France sur la sculpture du Nord ».

8 septembre 1020[1], sous le pontificat de Fulbert, n'avait laissé subsister que cette crypte en demi-cercle, qui correspond à la partie centrale du chœur et qui est sensiblement en contrebas du niveau de la grande crypte romane au milieu de laquelle elle est englobée.

On sait avec quelle activité Fulbert présida à la reconstruction de sa cathédrale. Quatre ans à peine après la catastrophe, il avait achevé la nouvelle crypte, une des plus vastes qui subsistent aujourd'hui[2]. A sa mort, en 1028, l'édifice était à peu près terminé[3].

A en juger par une curieuse miniature publiée par MM. Merlet et Clerval[4], c'était une grande basilique flanquée d'un bas côté, probablement dépourvue de transept, comme bien d'autres églises au XIe siècle, et terminée par un chevet circulaire entouré d'un collatéral sur lequel s'ouvraient trois absidioles. La façade principale était ornée d'un clocher ; un autre s'élevait dans le voisinage du chœur, mais non pas sans doute à la place où on a cru en retrouver récemment les traces[5], car les vieux murs mis à découvert en 1893 sur le côté Nord de la nef sont d'une section beaucoup trop faible pour avoir pu porter un clocher[6]. Si ce clocher a existé comme l'indique la miniature précitée, c'est plutôt au carré du transept ou sur la travée du bas côté Nord attenante au chœur qu'il conviendrait de le placer[7].

Peu importe d'ailleurs, si, comme certains le pensent, ce clocher

1. Lépinois et Merlet, *Cartul. de Notre-Dame de Chartres*, p. 14. — L'auteur des *Translationes S. Aniani*, qui écrivait vers 1138, dit qu'il ravagea le monument de fond en comble : « Anno millesimo vigesimo, episcopatus domni Fulberti anno XIV", sub ipsa nocte Nativitatis beatae Mariae, non solum ecclesia combusta est, sed etiam tota destructa est. » (*Analecta Bollandiana*, t. VII, p. 331).

2. René Merlet, *Dates de la construction des cryptes de Chartres*, p. 9.

3. Guill. de Malmesbury, dans la *Patrologie* de Migne, t. CLXXIX, col. 1166. — *Translat. S. Aniani*, dans les *Analecta Bolland.*, t. VII, p. 331.

4. R. Merlet et Clerval, *Un manuscrit chartrain du XIe siècle*, p. 47 et pl.

5. R. Merlet, *Fouilles dans la cath. de Chartres*, dans le *Bulletin. archéol. du Comité*, 1894, p. 73. — Merlet et Clerval, *Un manuscrit chartrain*, p. 66.

6. De plus les fondations en étaient peu profondes et reposaient sur des remblais (Merlet, *ibid*).

7. MM. Merlet et Clerval pensent que les deux clochers figurés dans la miniature de l'obituaire étaient complètement hors œuvre, et avaient pu par suite échapper à l'incendie de 1020. Ils invoquent à l'appui de cette hypothèse un passage d'une lettre écrite par Fulbert avant 1025. Il est

fut brûlé en 1030 avec tout l'étage supérieur de la cathédrale[1]. Mais rien n'est moins sûr, car tout ce que nous savons de cet incendie est qu'il survint sous le pontificat de l'évêque Thierry, qui dut reconstruire les murs à partir des fenêtres hautes et refaire la couverture de l'édifice[2].

On attribue au même prélat l'addition d'un transept, hypothèse plausible bien que les textes sur lesquels on l'appuie ne soient pas très explicites[3]. Quoi qu'il en soit, les travaux qu'il exécuta durent être importants, puisque ce fut seulement sept ans après l'incendie de 1030 que l'on put procéder à la dédicace du monument. Elle eut lieu le 17 octobre 1037[4].

La cathédrale de Chartres ne paraît pas avoir subi, depuis cette époque jusqu'à la fin du XIIe siècle, de remaniements considérables[5]. Elle fut seulement munie, vers 1050, d'un porche sur la façade principale[6], puis, vers la fin du XIe siècle, d'un autre porche sur le côté

malheureusement trop peu précis, pour qu'on en puisse conclure grand'chose (*Un manuscrit chartrain*, p. 74 et 75).

1. Merlet et Clerval, *Un manuscrit chartrain*, p. 66 et 81. — Marignan, *Le portail occid. de N.-D. de Chartres*, p. 7.

2. Les *Translationes S. Aniani* (*Annal. Boll.*, t. VII, p. 331) mentionnent simplement l'incendie de 1030, sans aucun détail. L'épitaphe de l'évêque Thierry, à Saint-Père de Chartres, n'en disait pas davantage (*Un manuscrit chartrain*, p. 79). Le Cartulaire de Saint-Père (t. I, p. 12) dit seulement que Thierry acheva la cathédrale : « cujus ambrosiae opes.... praeclarum opus almae matris Domini aulae complentes... » Mais une inscription gravée sur le tombeau même de l'évêque Thierry précisait davantage :

« Virgo Dei genitrix, tibi templum tegit habendum
Cujus opus superis sumpserat a vitreis. » (*Un manuscrit chartrain*, p. 80).

Thierry a donc construit la couverture de l'édifice et la partie des murs à partir des fenêtres hautes. Nous n'avons aucun motif de croire qu'il ait touché aux clochers ou construit un transept. Le lambris couvrant la nef fut exécuté aux frais du roi Henri Ier, mais nous ne savons à quelle époque exactement : « II nonas augusti, obiit Henricus rex, qui hujus aecclesiae lacunar construxit » (*Un manuscrit chartrain*, p. 171).

3. *Un manuscrit chartrain*, p. 66 et 81. Plusieurs passages du nécrologe mentionnent des réparations au *crucifixus* (Lépinois et Merlet, t. III, p. 1, 16 et 135) mais ce terme peut aussi bien désigner le crucifix monumental qui dans beaucoup d'églises ornait l'entrée du chœur.

4. *Chron. Andegav.*, dans Bouquet, t. XI, p. 29.

5. MM. de Lépinois et Merlet prétendent que l'évêque Adraldus (1069-1075) agrandit la cathédrale. Je ne sais sur quoi ils s'appuient pour le dire. Ils citent comme référence le Cartulaire, III, 222. Or Adrald n'est pas nommé à cette page, et son obit lui attribue seulement le don de nombreux ornements (*Un manuscrit chartrain*, p. 154).

6. Il était dû à la générosité du chanoine Ragemboldus, qui donna une partie de ses biens « ad

méridional[1] et probablement d'un autre encore lui faisant pendant au Nord[2]. Guillaume le Conquérant la fit surmonter d'un campanile pour le repos de l'âme de sa fille Adelize morte vers 1075[3]. Enfin le chapitre y adjoignit dans les dernières années du XIe siècle une tour[4], dont nous ignorons malheureusement l'emplacement. Tel était, dans ses grandes lignes, l'état du monument[5], lorsqu'une nouvelle catastrophe vint s'abattre sur la ville.

Le 7 septembre 1134, Chartres fut la proie d'un immense incendie. Un contemporain, l'auteur des Translations de Saint-Aignan, affirme que la cathédrale échappa miraculeusement au désastre, bien qu'elle fût de toute part entourée par les flammes[6]. Les parties extérieures du monument durent toutefois être assez éprouvées par le feu, du côté de l'Occident surtout, où le bâtiment de l'Aumônerie presque contigu à la cathédrale fut entièrement détruit[7].

edificationem vestibuli frontis hujus æcclesiæ » (Voir le nécrologe aux ides d'avril, R. Merlet et Clerval, *Un manuscrit chartrain*, p. 159 et 82).

1. Ce porche était dû au médecin Jean, mort vers 1080. Le nécrologe nous dit au VII des calendes de janvier que « istius ecclesie dextri lateris vestibulum fecit » (*Ibid.*, p. 149).

2. L'obituaire nous apprend que le chanoine André, mort vers 1090, le V des kalendes d'octobre, laissa un arpent et demi de vignes « ad edificium vestibuli hujus ecclesie » (*Ibid.*, p. 177). MM. de Lépinois et L. Merlet ont cru qu'il s'agissait ici du porche de la façade principale (*Cartul. de N.-D. de Chartres*, t. I, p. CXXXVIII); mais comme on avait commencé à y travailler avant 1050, il devait être terminé depuis longtemps à la mort du chanoine André. D'autre part, les fouilles de 1893 ont fait retrouver sur le côté Nord de la cathédrale des substructions qui ne peuvent avoir appartenu qu'à un porche. Je pense donc avec M. René Merlet (*Bull. archéol. du Comité*, 1894, p. 74) que c'est à celui-ci qu'étaient destinées les libéralités du chanoine André.

3. Voir l'obituaire au VII des ides de décembre « Obiit Adeliza, filia regis Anglorum, pro cujus anima pater ejus, rex... jussit fieri campanarium quod est super æcclesiam preciosum et bonum » (*Un manuscrit chartrain*, p. 184).

4. Le doyen Adalard, mort le 26 août 1092, contribua largement à cette construction « capitulum construxit et ad edificationem turris plurimum profuit » (*Ibid.*, p. 84 et 174).

5. Je ne m'arrête pas aux réparations ou aux embellissements de détail qui ne changèrent rien à l'aspect général de l'édifice, comme la construction d'un jubé (*pulpitum*) par l'évêque Yves au début du XIIe siècle (*Cartul. de N.-D. de Chartres*, t. I, p. XXXVI).

6. « Quinta [succensio] facta est a° M° C° XXX° IIII°, quarta feria, nonas septembris in qua fere tota civitate consumpta, sed, per mirabilem Jesu Christi misericordiam, suae genitricis ecclesia a flammis incumbentibus liberata est » (*Translationes S. Aniani* dans les *Analecta Bollandiana*, t. VII, p. 331-332).

7. Ce détail nous est connu par ce passage du nécrologe du chapitre : « Obiit Bernardus qui elemosinam hujus ecclesiae post incendium de proprio reedificavit » (*Cartul. de N.-D. de Chartres*, t. III, p. 58. — Cf. Merlet et Clerval, *Un manuscrit chartrain*, p. 85).

Je croirais pour ma part que le mal fut plus grand que n'a voulu l'avouer le pieux hagiographe, car les documents du temps mentionnent d'importants travaux exécutés à la cathédrale pendant les années qui suivirent l'incendie[1]. Ce ne furent toutefois que des travaux de restauration, d'embellissement, tout au plus de reconstruction partielle. Nous en avons la preuve dans les termes mêmes dont un contemporain, Haimon de Saint-Pierre-sur-Dive, se sert en racontant la pieuse ardeur que les fidèles apportaient à cette tâche[2].

Comme je viens de le dire, c'est du côté de l'Occident que le feu paraît avoir causé le plus de mal, c'est donc de ce côté que l'on dut travailler tout d'abord. Effectivement on procéda sans retard à la reconstruction ou, tout au moins, à la restauration de la tour qui flanquait la façade. Le nécrologe du chapitre en fournit de nombreuses preuves[3]. Seulement la plupart des auteurs identifient cette tour avec celle qui se dresse au côté méridional de la façade, et croient que l'autre, celle que depuis le XVIe siècle on a pris l'habitude d'appeler le Clocher neuf, n'a été entreprise que quelques années plus tard ; or c'est l'opposé. Dans une thèse présentée en 1899 à l'École des Chartes, M. Lanore a prouvé par les constatations les plus précises que la tour du Nord était la plus ancienne des deux, et que tous les détails de sculpture, les moulures, les profils des arcs ou des bases, dénotaient les environs de 1130 pour le Clocher neuf,

1. Lettre d'Haimon, abbé de Saint-Pierre-sur-Dive (*Bibl. de l'Éc. des Chartes*, 1860, p. 124). — Robert du Mont (Pertz, *Monum. Germ.*, Script., t. VI, p. 496). — *Annales de Saint-Évroult* (A la suite de l'édition d'Orderic Vital donnée par la Soc. de l'hist. de France, t. V, p. 162). — *Annales du Mont Saint-Michel* (Bouquet, t. XII, p. 773.) — *Chron. de Rouen* (Bouquet, t. XII, p. 785). — Lettre d'Hugues, arch. de Rouen (*Ann. Bened.*, t. VI, p. 392.)

2. « Comperto quod.... plaustra.... a Galliarum populis Carnotum onusta *emendandæ* piæ Domini genitricis basilicæ necessariis ducerentur » (*loc. cit.*, p. 124).

3. L. Merlet et Lépinois ont soigneusement mis en relief toutes les donations faites par divers personnages *ad opus turris*. La plupart ne peuvent être datées avec précision. Mais celles qui sont dues à des personnages connus se placent aux environs de 1140. Ainsi l'archidiacre Gautier mort entre 1134 et 1138, légua 20 livres *ad opus turris*. (Nécr. au 4 juin — *Cartul. de N.-D. de Chartres*, t. III, p. 124). L'archidiacre de Blois, Ansgerius, mort entre 1139 et 1142 légua 20 sous « ad edificationem turris » (Necr. au 25 juin — *Ibid.*, p. 131).

et une époque postérieure pour le Clocher vieux[1]. Quoi qu'il en soit, en 1145, on travaillait aux deux clochers. Le chroniqueur Robert du Mont[2] le dit formellement et depuis lors, en effet, on trouve dans le nécrologe des donations « *ad opus turrium*[3] ».

J'ai dit que certains auteurs ont attribué à l'an 1135[4] la construction des trois portes qui s'ouvrent entre les deux tours de la façade occidentale. Aucun texte ne justifie cette date. Elle est purement hypothétique : c'est l'incendie de 1134 qui en a donné l'idée. Mais s'il est bien probable que l'ardeur du feu avait mis en piteux état le porche qui depuis 1050 s'élevait devant la façade[5], il n'est pas à présumer qu'on ait songé à le rétablir à peine un an après la catastrophe, alors que la construction des tours et d'autres réparations urgentes[6] devaient absorber toutes les ressources.

D'ailleurs, les profils et moulures que l'on remarque dans les diverses parties du portail sont d'un style plus avancé que dans le

1. Les conclusions de M. Lanore sur l'âge relatif des deux clochers de Chartres ont été résumées par lui dans la *Revue de l'art chrétien*, XLIIe année (1899), p. 328 et s. Jusqu'à la construction, en 1506-1513, de la flèche qui surmonte le clocher du Nord, on le nommait *le Clocher de plomb* et on appelait son voisin *le Clocher de pierre*. M. Lanore a eu raison de critiquer l'abbé Bulteau, qui identifie trop facilement avec le clocher du Nord la *turris nova* mentionnée dans l'obit de Pierre de Bordeaux, archidiacre de Vendôme, mort en 1261 (*Cartul. de N.-D. de Chartres*, t. III, p. 162). Il me paraît infiniment probable qu'il s'agit là du clocher méridional, qui était le plus jeune des deux (Voir Lanore, *Revue de l'art chrét.*, p. 330).

2. Pertz, *Script.*, t. VI, p. 496.

3. Donation du prévôt Eudes mort après 1161 (Lépinois et Merlet, *Cartul. de N.-D. de Chartres*, t. III, p. 143). — Donation du prévôt Henri (*Ibid.*, p. 80). M. René Merlet (*Dignitaires de l'église de Chartres*, p. 230) identifie ce personnage avec un prévôt qui vécut entre 1115 et 1149. Ne serait-ce pas plutôt le prévôt de Fontenay, cité dans le *Cartulaire*, t. I, p. 232, et qui mourut vers 1180 (*Dignitaires*, p. 232).

4. Notamment Viollet-le-Duc, *Dict. d'archit.*, t. VIII, p. 206 et s. — M. Vöge, sans indiquer de date précise, soutient que ce portail n'est pas de 1145, comme on le croit généralement, mais qu'il est plus ancien (*Die Anfänge des monum. Stiles im Mittelalter*, p. 122).

5. M. Lefèvre-Pontalis, dans l'importante étude qu'il vient de publier sur *les Façades successives de la cathédrale de Chartres* (*Congr. archéol. de France*, LXVIIe session, p. 26 et s.), suppose que le feu avait détruit le porche qui précédait la façade de Fulbert, mais que celle-ci avait été conservée.

6. Ainsi il fallut refaire toute la couverture du chevet. Ce fut l'œuvre du prévôt Henri mort vers 1150 : « Tectum capitis ecclesiae quod pene ruebat multo sumptu de vetere novum fecit, angelum superimpositum cum aeu ad decorem domus Dei fecit et deauravit (*Cartul. de N.-D. de Chartres*, t. III, p. 80).

clocher Nord, le seul, nous venons de le voir, dont on s'occupa pendant les premières années qui suivirent l'incendie. On retrouve les mêmes au contraire dans le clocher méridional, et l'on y voit une statue, celle de l'ange qui porte un cadran solaire, dont le style est identique à celui des statues du portail[1]. Il est donc certain que la construction des trois portes est au plus contemporaine de celle de la tour méridionale, et comme le style de celle-ci, et les textes qui la concernent ne permettent pas de croire qu'elle ait été commencée longtemps avant 1145, cette date est la plus ancienne que l'on puisse songer à attribuer au Portail royal.

Ce sont ces considérations qui ont engagé beaucoup d'archéologues[2] à supposer que les sculptures du Portail royal pouvaient remonter à 1145. Mais, à cette opinion on peut opposer une sérieuse objection. C'est qu'en 1145 les deux tours étaient en construction, et qu'il n'est pas probable qu'on ait fait marcher de front des travaux de sculpture aussi importants, et des travaux de maçonnerie aussi considérables, aussi encombrants et aussi coûteux.

Peut-être répondra-t-on à cette objection que nous avons le nom d'un de ceux qui contribuèrent à l'érection du portail et qu'il est mort peu après 1150. En effet on lit dans le Nécrologe de l'église de Chartres que Richer, archidiacre de Dunois, mort le 12 janvier 1150, décora l'entrée de la cathédrale d'une image de la Vierge rehaussée d'or[3]. Or à la porte de droite du Portail royal, dans le tympan, on voit une fort belle figure de Vierge, sur laquelle Paul Durand a signalé jadis quelques traces de peinture et de dorure[4].

Il est assez naturel qu'on ait voulu identifier cette figure avec

1. Notons que cet ange semble être un morceau rapporté, et que le cadran solaire qu'il porte est sans doute une addition du XVIe siècle.

2. Notamment M. Lanore dans l'étude sur la cathédrale de Chartres qu'il a publiée depuis que j'ai lu ce chapitre à l'Académie (*Revue de l'art chrétien*, XLIIe année, p. 328 et s. et XLIIIe année, p. 137 et s.).

3. « Decoravit etiam introitum hujus ecclesie imagine beate Marie auro decenter ornata » (*Cartul. de N.-D. de Chartres*, t. III, p. 19).

4. *Monogr. de la cath. de Chartres*, p. 27 et 53-54. — Voir ci-après la pl. IV.

celle que l'archidiacre Richer avait fait faire[1], et qu'on ait cherché là une confirmation de l'opinion qui attribue les statues du portail occidental de Chartres au second quart du XIIe siècle.

Mais c'est donner à ce texte du Nécrologe une précision qui lui fait malheureusement défaut. M. Marignan prétend qu'on doit le rejeter entièrement, attendu que rien ne permet de dire si cette Vierge était en bois ou en pierre, ni même si elle était placée dans un des tympans du portail[2]. L'observation est juste. On peut dire encore que la phrase de l'Obituaire semblerait mieux s'appliquer à une statue isolée qu'à un bas-relief dans lequel la Vierge n'est pas seule, mais où elle fait partie d'un ensemble.

Ces objections sont trop graves pour que l'on puisse, en bonne critique, s'en rapporter à ce texte seul pour déterminer l'âge du Portail royal. Il faut, pour dissiper toute incertitude, chercher d'autres arguments. C'est ce qu'a fait M. Marignan et ce qui l'a conduit à soutenir une thèse toute nouvelle, qui, si elle était fondée, ne permettrait de voir dans la façade de la cathédrale de Chartres aucune partie antérieure au XIIIe siècle.

« La façade actuelle, dit-il, n'est pas celle de 1145-1150. La raison en est qu'un incendie immense détruisit l'église de Notre-Dame en 1194[3] ».

Que la cathédrale de Chartres ait été entièrement rebâtie à la suite de l'incendie de 1194, nous le savons par un texte formel et contemporain[4]. Nous en avons en outre des preuves matérielles de tout genre. L'examen de l'édifice permet toutefois d'affirmer que la

1. René Merlet et Clerval, *Un manuscrit chartrain*, p. 88. — Lanore, *Reconstr. de la façade de la cath. de Chartres*, dans la *Revue de l'art chrétien*, XLIIIe année, p. 137.

2. Marignan, *Le portail occid. de N.-D. de Chartres*, p. 11.

3. Marignan, *ibid.*, p. 8.

4. Voir le recueil des *Miracles de N.-D. de Chartres*, composé vers 1210 et publié par M. Thomas dans la *Bibl. de l'École des Chartes*, t. XLII (1881), p. 505 et s. On y lit ces mots : « Anno igitur ab incarnatione Domini M° C° nonagesimo quarto, cum ecclesia Carnotensis III° idus junii mirabili ac miserabili fuisset incendio devastata, ita ut conquassatis et dissolutis postmodum parietibus et in terram prostratis, necessarium foret eam a fundamentis reparari et novam denuo edificari ecclesiam » (*Ibid.*, p. 508).

crypte et les parties alors construites des deux clochers de la façade ont échappé aux ardeurs du feu[1].

On admet également que les trois portes de la façade occidentale, ou plutôt du porche qui la précédait, épargnées par l'incendie, ont été conservées, lors de la reconstruction qui suivit la catastrophe de 1194, et remontées à l'alignement de la partie antérieure des tours[2]. Les traces matérielles de ce déplacement se lisent encore sur la pierre avec tant d'évidence que M. Marignan n'a pas osé le contester d'une façon formelle[3]; mais, après s'être demandé « si les sculpteurs ont simplement déplacé pierre par pierre l'ancienne façade, ou s'ils l'ont *modernisée* dans le style de la fin du XIIe siècle », il finit par abandonner ces deux hypothèses, et par soutenir qu'on a construit après l'incendie de 1194 un portail dont toutes les sculptures seraient neuves et dans lequel on aurait seulement utilisé quelques matériaux de l'ancienne façade[4].

1. Le fait est confirmé pour la crypte pár l'auteur des *Miracles,* qui raconte que la châsse contenant la chemise de la Vierge fut sauvée de l'incendie, grâce à la précaution qu'on eut de la descendre dans la crypte : « Cum scrinium sepefatum in inferiorem criptam cujus introitum laudabilis antiquorum providentia altari Beate Marie proximum fecerat, tempore incendii a quibusdam fuisset delatum » (*Bibl. de l'Éc. des Ch.*, p. 510). La *crypta inferior* est sans doute la vieille crypte carlovingienne qui s'est conservée au milieu de la grande crypte bâtie par Fulbert, et dont le niveau est sensiblement inférieur à celui de la crypte romane. Les voûtes, dont l'une et l'autre étaient couvertes, les ont suffisamment garanties de l'incendie pour que les fidèles qui y avaient descendu la châsse aient pu y être bloqués par le feu sans en être incommodés : « Cumque post tanti ardorem incendii sani et incolumes regressi fuissent, etc... » (*Ibid.*, p. 510).

2. « La façade a été transportée de sa première place à celle qu'elle occupe aujourd'hui. Les assises de pierre ne se suivent pas avec exactitude, et n'ont aucune liaison avec les clochers, on retrouve à l'intérieur de l'église sur les clochers les mêmes moulures et les mêmes ressauts qu'à l'extérieur » (*Monogr. de la cath. de Chartres,* p. 27).

3. Marignan, *Le portail occid. de N.-D. de Chartres,* p. 10 et 13.

4. Depuis que ces lignes sont écrites, M. Albert Mayeux a lu au Congrès de Chartres une étude intitulée *La façade de la cath. de Chartres du* Xe *au* XIIIe *siècle,* dans laquelle il s'efforce de prouver que le Portail royal ne fut jamais déplacé, mais qu'il fut construit sur son emplacement actuel entre 1130 et 1134 ; que la tour Nord existait alors ; que celle du Sud fut commencée aussitôt après l'incendie de 1134, et que sa construction nécessita la dépose de la partie attenante du Portail royal, c'est-à-dire du côté droit de la porte méridionale ; que le linteau de cette porte fut scié à une de ses extrémités et son tympan coupé en trois morceaux ; qu'on en conserva deux, ce sont ceux qui portent les anges ; et que le troisième fut refait, ce fut la Vierge dorée, donnée par l'archidiacre Richer, mort en 1150. Malheureusement M. Mayeux procède par affirmations sans étayer ses dires d'aucune preuve. Les fouilles entreprises récemment par M. Lefèvre-Pontalis ont d'ailleurs confirmé le déplacement du Portail royal, et fait retrouver en arrière des tours d'importantes substructions sur

Je ne saurais adhérer à de pareilles conclusions, et la plupart des raisons que leur auteur invoque me semblent bien faibles.

Ainsi, pour refuser d'admettre le déplacement pierre à pierre de l'ancien portail, il ne suffit pas d'affirmer qu'au moyen âge « les architectes regardaient toujours en avant, et qu'à ce moment surtout où ils cherchaient à innover, où les grandes cathédrales s'élevaient, ils n'avaient aucun souci archéologique, aucune préoccupation de conserver intacts les restes du passé[1] ».

Je ne voudrais pas prêter aux constructeurs romans ou gothiques des préoccupations archéologiques qu'ils n'ont jamais connues, cependant il est facile de prouver qu'ils ont fréquemment conservé dans les églises qu'ils rebâtissaient quelque détail notable provenant de l'édifice antérieur.

Tout le monde ne sait-il pas que le tympan d'une des portes de la cathédrale de Paris est formé d'une fort belle sculpture provenant d'un portail plus ancien, remonté avec soin dans la nouvelle façade[2]. Pareil souci de conserver de belles sculptures ne s'est-il pas manifesté à Reims, où nous voyons encastrés sur le flanc Nord de la cathédrale au-dessus de la porte de la sacristie les restes d'un portail évidemment transportés d'une autre place[3], sans compter bien d'autres fragments provenant sans doute d'une autre façade antérieure à celle que nous voyons aujourd'hui. Même fait ne s'est-il pas produit à la cathédrale de Cahors, à l'église abbatiale de Saint-Denis[4], et ailleurs encore[5].

Le déplacement pierre à pierre des trois portes de la façade de

lesquels mon savant confrère suppose que le portail avait été primitivement construit. Il a exposé le résultat de ces fouilles dans le *Bulletin monumental* (t. LXV, 1901, p. 263 et s.), et plus récemment dans le compte rendu du *Congrès archéologique de France* (LXVIIe session, p. 256 et s.).

1. Marignan, *op. cit.*, p. 10.
2. Voir ci-après, pl. IX.
3. Cerf, *Hist. de N.-D. de Reims*, t. II, p. 326.
4. Suger nous apprend lui-même qu'il avait fait une opération de ce genre pour une des portes de Saint-Denis : « transiliens... per singularem atrii portam de antiquo in novum opus transpositam... » (*De admin. sua*, c. XXVI).
5. Viollet-le-Duc cite une série d'exemples analogues (*Dict.*, t. VII, p. 392).

Chartres n'a donc en lui-même rien d'impossible, rien d'improbable, rien de contraire aux habitudes des constructeurs du temps de Louis VII ou de Philippe-Auguste.

Quant à croire, avec M. Marignan, que l'on s'est contenté « d'utiliser quelques matériaux de l'ancienne façade, de prendre peut-être les anciennes colonnes », cela me paraît impossible, si l'on considère l'extraordinaire unité de ce bel ensemble. Cette observation est trop caractéristique pour avoir pu échapper à un observateur aussi attentif, mais la conclusion qu'il en tire ne peut être acceptée : « Cette façade, dit-il, jusqu'aux chapiteaux imagés, a une unité, un ensemble, qui ne saurait permettre un déplacement aussi important. » Comment donc ? C'est précisément cette unité qui nous oblige à choisir entre les deux hypothèses suivantes: ou ce portail a appartenu à l'édifice incendié en 1194, et a été déplacé dans son ensemble, ou bien ce portail a été bâti de toutes pièces à une date postérieure à l'incendie.

M. Marignan, se refusant à admettre la première de ces deux hypothèses, a été acculé à la seconde. Aussi, après avoir paru admettre, dans les premières pages de son mémoire, qu'on avait pu utiliser partie au moins de l'ancienne façade en la « modernisant », s'attache-t-il, dans les dernières, à démontrer qu'aucune des sculptures qui ornent actuellement les trois portes occidentales de Chartres ne peut remonter au XIIe siècle.

Il les passe toutes en revue : ce sont les représentations des Arts libéraux qu'aucun artiste, d'après lui, n'a sculptées au XIIe siècle à la façade des églises.

Ce sont les anges du tympan de gauche[1], qui « trahissent le commencement d'un style nouveau, c'est-à-dire la fin du XIIe ou les premières années du XIIIe siècle ».

Et les anges des voussures[2], représentés à mi-corps ? A-t-on jamais vu les pareils dans la première partie du XIIe siècle ?

Et les statues qui ornent les colonnes ? Dans celles de la porte

1. Voir ci-après, pl. II.
2. Voir ci-après, pl. III

de gauche, « on peut reconnaître sans peine une main qui accuse la décadence d'un art ». Celles de la porte centrale ont « un dessin plus large, des proportions plus justes, les plis moins accentués, mais ces figures trahissent cependant le canon gothique, c'est-à-dire le commencement du XIIIe siècle ou la fin du XIIe ». Conclusion : le portail occidental de Chartres ne peut dater de 1145, il ne peut remonter plus haut que 1194, mais on y a peut-être intercalé quelques fûts de colonnes ornés, provenant de l'église de 1145.

Avant de reprendre une à une toutes ces assertions et d'en apprécier la valeur, je ferai une remarque qui me paraît mériter une très grande attention, c'est que, si le Portail royal de Chartres n'est pas antérieur à 1194, il doit forcément être postérieur à cette date d'un quart de siècle au moins.

Comment croire, en effet, qu'il ait pu être bâti immédiatement après l'incendie? Comment penser qu'en présence d'un désastre qui nécessitait la reconstruction totale de l'édifice on se soit occupé à sculpter les portes d'entrée avant que le gros œuvre fût achevé. N'est-il pas de toute évidence qu'avant de faire du luxe, on a dû songer aux besoins les plus pressants, et qu'on a dû élever le vaisseau de l'église avant de s'occuper d'en décorer la façade.

Or une œuvre aussi considérable que la réédification de cette immense église a dû demander un certain nombre d'années. On est d'accord pour admettre que les travaux ont été conduits avec rapidité, et l'on fixe à 1220 l'achèvement du gros œuvre[1].

Un passage de Guillaume le Breton permet de croire, en effet, qu'à cette date les voûtes étaient montées, mais bien des travaux

1. Cette date résulte d'un passage de la *Philippide* de Guillaume le Breton où il est question de la solidité des voûtes de la cathédrale, et qui aurait été écrit vers 1220. M. Delaborde dans la préface de son édition de Guillaume le Breton, p. LXVI-LXVII, a démontré que la *Philippide* avait été publiée en 1222 après être restée plusieurs années sur le métier. — Rigord, dans sa chronique écrite vers 1207, mentionne l'incendie de 1194 (§ 198, éd. Delaborde, p. 128). Guillaume le Breton reprenant le même texte dans sa chronique probablement vers 1220 (c'est la date de la rédaction du ms. de la reine Christine 619) y a ajouté les mots « Sed post a fidelibus incomparabili miro et miraculoso tabulatu lapideo reparata est » (éd. Delaborde, I, p. 196).

importants restaient encore à faire puisque c'est seulement quarante ans plus tard, le 17 octobre 1260, que la dédicace du monument eut lieu, en présence de saint Louis et sous l'épiscopat de Pierre de Mincy[1].

Il n'est donc pas douteux que l'attention des constructeurs a dû être absorbée par le gros œuvre jusque dans les dernières années de Philippe-Auguste, et l'on ne peut, sans sortir de toutes les limites de la vraisemblance, admettre que l'on ait songé avant 1220 à la décoration des portes.

Or nous avons des sculptures de cette époque en assez grand nombre, pour bien connaître le style qui régnait alors dans toute la région dont Paris était le centre. Il diffère de la manière la plus complète de celui qui caractérise le Portail royal de Chartres. Un coup d'œil rapide jeté sur l'admirable porte de gauche de la façade de Notre-Dame de Paris[2], suffit à le prouver. L'examen des sculptures de la cathédrale de Sens, au moins aussi anciennes incontestablement que le portail de Paris, corrobore ce témoignage et il serait facile d'en apporter d'autres si on voulait comparer les chapiteaux qui accompagnent les figures de Chartres à ceux qui ornent les églises sûrement construites de 1190 à 1220.

Il est donc bien inutile de se demander avec M. Marignan « si on est en présence d'un art qui commence ou qui est à son déclin », il est inutile d'examiner si l'on peut vraiment reconnaître dans certaines figures « une main qui accuse la décadence d'un art ». Ce sont là des considérations esthétiques qui prêtent toujours à l'arbitraire et au doute. Tandis qu'il est certain, évident même, que l'on ne retrouve dans aucun des portails sculptés dans le Nord de la France entre 1194 et 1220, ni des statues du même faire, ni des feuil-

1. Paul Durand, *Monogr. de la cath. de Chartres*, p. IV.

2. Viollet-le-Duc (*Dict.*, t. VII, p. 421) dit qu'elle « appartient aux premières constructions de la grande façade, et fut élevée par conséquent de 1205 à 1210. — M. Victor Mortet a publié, d'après une note de Berty, un passage d'un acte d'Eudes de Sully, d'où il a conclu que les portes de la façade de Notre-Dame existaient déjà en 1208 (*Étude sur la cath. de Paris*, p. 46, note 2). J'ai peine à croire que ce merveilleux ensemble soit antérieur à 1220, mais il présente une telle différence de style avec les sculptures du Portail royal de Chartres, que mon raisonnement n'en est pas affaibli.

lages du même style, ni des colonnes ornées des mêmes rinceaux, ni des feuillages du même dessin, que dans le Portail royal de Chartres. Ce portail est donc bien antérieur à 1220, et comme on ne peut supposer qu'il ait été bâti aussitôt après l'incendie, et avant qu'on eût pourvu aux besoins les plus pressants du culte, il faut absolument admettre qu'il appartient au XIIe siècle.

Les arguments iconographiques invoqués par M. Marignan peuvent-ils prévaloir contre la rigueur de cette conclusion? Évidemment non, par la bonne raison qu'ils sont presque tous d'ordre négatif, et que les arguments de cette nature, déjà peu convaincants lorsqu'ils s'appuient sur un nombre respectable d'exemples, n'ont plus la moindre valeur quand ils portent sur des monuments peu nombreux et sur des époques mal connues.

Peu importe donc que l'on ne puisse, ainsi que l'avance M. Marignan, citer dans d'autres églises du XIIe siècle une représentation des Sept arts libéraux comme celle que nous voyons dans les voussures de la porte de droite ; ce n'est pas une raison pour que cette porte ne puisse être du XIIe siècle. Car cette conclusion paraîtrait déjà téméraire, si nous possédions un très grand nombre de portes sculptées de cette époque ; elle devient complètement arbitraire si on songe à la rareté des portes romanes luxueusement sculptées comme celle de Chartres.

Il est facile de prouver, d'ailleurs, que M. Marignan se trompe en prétendant que les Arts libéraux ne sauraient figurer dans l'iconographie du XIIe siècle, car le poème de Martianus Capella avait depuis longtemps popularisé dans les cloîtres les figures allégoriques des Sept arts, et les commentaires ou les imitations dont il fut l'objet de la part de Remi d'Auxerre, de Théodulfe, et d'Alain de Lille, laissent assez deviner la popularité dont ces figures jouissaient, dès avant le XIIIe siècle [1], dans les milieux ecclésiastiques qui four-

1. Théodulfe était évêque d'Orléans sous Charlemagne, Remi d'Auxerre vivait au XIe siècle et Alain de Lille, né vers 1128, est mort en 1202.

nissaient alors les thèmes iconographiques dont s'inspiraient les artistes. Au surplus on peut s'étonner à Chartres moins que partout ailleurs de voir cette allégorie figurer au portail d'une église du XIIe siècle, puisque c'est dans cette même ville que l'écolâtre Thierry écrivait, vers 1142 [1], son *Heptateuchon* ou *Manuel des Sept arts* dont le sculpteur s'est visiblement inspiré [2].

Et que l'on n'objecte pas que ces allégories n'étaient pas sorties du domaine purement littéraire avant le XIIIe siècle, car la représentation des Sept arts libéraux figurait dans les miniatures d'un des plus célèbres manuscrits du XIIe siècle, le fameux *Hortus deliciarum* d'Herrade de Landsperg [3], et plus anciennement dans le riche pavé de mosaïque dont l'église Saint-Remy de Reims avait été ornée vers 1090 par son trésorier Wido [4].

Voilà donc la preuve certaine [5] que ce sujet rentrait bien dans les données iconographiques familières au XIIe siècle; et qu'il ne saurait fournir un argument sérieux pour rajeunir le portail occidental de la cathédrale de Chartres.

M. Marignan a cru trouver un autre argument dans les figures des deux anges qui dans le tympan de gauche s'agenouillent devant le Seigneur [6]. « Leurs ailes déployées, dit-il, leur longue robe, la génuflexion tout à fait timide ne trahissent-elles pas le commen-

1. Abbé Clerval, *L'enseignement des arts libéraux à Chartres et à Paris d'après l'Heptateuchon de Thierry de Chartres* (Paris, 1889, in-8°).

2. C'est ce qu'a parfaitement compris et mis en lumière M. Mâle dans l'*Art religieux du XIIIe siècle en France*, p. 116 et s.

3. Au fol. 32 r°. Cette miniature a été reproduite par Engelhardt, *Herrad von Landsperg*, pl. VIII; et par Straub, *Hortus deliciarum par l'abbesse Herrade de Landsperg*, pl. XI *bis*.

4. La description en a été conservée par Bergier, *Les grands chemins de l'Empire romain*, édit. de 1728, p. 201; et par Marlot, *Hist. de la ville, cité et université de Reims*, t. II, p. 542-544. — Cf. *Annales archéol.*, t. X, p. 64.

5. Je passe sous silence d'autres preuves moins certaines. Ainsi M. Mâle affirme, (p. 112, note 2), que les Sept arts libéraux étaient représentés sur le pavé dont l'église d'Ainay à Lyon fut ornée sous le pontificat du pape Paschal II. Mais je n'en trouve pas trace dans les dessins que je connais de ce pavé, et je pense qu'il a fait confusion avec le pavé de Saint-Irénée de Lyon, dont il a trouvé mention dans les *Annales archéol.*, t. X, p. 237, et qui a été décrit par Martène et Durand (*Voy. litt.*, 1re part., p. 235). Il était du XIIe siècle.

6. Voir la planche II ci-jointe.

cement d'un style nouveau, c'est-à-dire la fin du XIIe ou les premières années du XIIIe siècle ? »

Aucunement.

Voyez les principaux portails romans qui nous restent, vous y trouverez toujours les anges habillés, comme ils le sont ici, d'une longue robe et d'un manteau drapé de façon à laisser voir par devant tout le bas de la robe. Ils ont, presque toujours et quelle que soit leur attitude, les ailes éployées, celle qui est du côté du fond du tableau relevée plus ou moins gauchement au-dessus de leur tête[1]. Et si l'espèce de génuflexion qu'esquissent les anges du tympan de gauche paraît un peu insolite[2], l'attitude de ceux qui entourent la Vierge dans le tympan de droite, ou de celui qu'on voit dans le tympan du milieu, est au contraire une attitude très commune à l'époque romane. Pour en trouver une preuve facile à vérifier, il suffit d'aller voir au musée du Trocadéro cette belle figure d'ange sculptée à la façade de la cathédrale d'Angoulême[3], une église bien romane j'imagine, et dont personne n'a encore songé à attribuer les sculptures au XIIIe siècle.

Et si on veut être bien convaincu que les anges du portail de Chartres procèdent de la sculpture romane bien plus que de celle du commencement du XIIIe siècle, que l'on regarde encore les anges du tympan de gauche de la façade de Notre-Dame de Paris avec leurs belles proportions, les larges plis de leurs tuniques, la dalmatique remplaçant le manteau qu'on leur donne toujours au XIIe siècle, leurs nobles figures rondes et pleines qui ressemblent si peu aux longues silhouettes et aux traits amaigris de leurs congénères du Portail royal de Chartres.

M. Marignan prétend encore que « les voussures accusent un dessin large, un peu lourd, une simplicité de scène qui n'est pas la

1. Voir les anges figurés aux tympans des cathédrales d'Autun ou d'Angoulême, par exemple.

2. Les anges — l'un surtout — qui flanquent la figure du Christ au milieu du tympan de Cahors ont un mouvement analogue.

3. Marcou, *Album du musée de sculpture comparée*, pl. 39.

caractéristique de la première moitié du XIIe siècle ». Je ne suis pas sûr de voir ces sculptures du même œil que lui, et je ne trouve guère le reproche de lourdeur bien fondé. Mais si je me trompe, et si on lui donne contre moi raison sur ce point, je ne saurais m'en émouvoir car j'ai toujours considéré, et l'immense majorité des archéologues sera certainement de mon avis, que la lourdeur et la simplicité se rencontrent beaucoup plutôt dans les sculptures du XIIe siècle que dans celles du XIIIe.

Restent les anges à mi-corps que l'on ne saurait, paraît-il, rencontrer à cette époque. Il y en a cependant une nombreuse suite dans les voussures de la façade de Saint-Trophime à Arles. M. Marignan, il est vrai, a prétendu prouver que cette façade n'est pas antérieure à 1230 environ[1], et j'admets volontiers qu'on l'a trop vieillie[2], mais on ne peut nier qu'elle ne soit conçue encore dans les données de l'art roman, et par suite, il est téméraire de soutenir que tel détail iconographique ne saurait convenir au XIIe siècle, alors qu'il se rencontre dans une façade que l'on appellera toujours, quelle que soit sa vraie date, une façade romane.

D'ailleurs n'existerait-il plus un seul exemple d'ange de ce type dans les monuments romans aujourd'hui subsistants, comment douter qu'on en ait fait quand nous en trouvons tant d'exemples depuis le IXe siècle, dans les peintures des manuscrits[3].

M. Marignan, poursuivant son analyse, arrive aux colonnes. Elles rappellent tellement encore le style roman, leurs fûts couverts de rinceaux ou d'élégantes gauffrures, ressemblent si peu à ce qu'on

1. Marignan, *La sculpture en Provence*, p. 27.

2. Je démontrerai plus loin que sa date doit être cherchée entre 1180 et 1200 environ.

3. Voir dans l'évangéliaire d'Abbeville, l'ange en buste représenté au-dessus de saint Mathieu (*Die Trierer Ada Handschrift*, pl. XXIX) ; même figure dans l'évangéliaire d'Aix-la-Chapelle (*Ibid.*, pl. XXIII) ; dans l'évangéliaire de Lothaire, miniature représentant le Christ entre les quatre symboles évangéliques, reproduite par Bastard ; au fol. 17, du ms. 327 de la Bibl. de Cambrai ; dans l'évangéliaire du Mans (Voir Bastard, n° 210 du catalogue dressé par M. Delisle) ; dans l'évangéliaire de Saint-Sernin de Toulouse (Bastard, n° 164) ; dans l'évangéliaire de Saint-Médard de Soissons (Fleury, *Mss. à miniat. de Soissons*, pl. III) ; dans un ms. de l'an 1000 de la bibliothèque de Copenhague (Westwood, *The miniatures and ornaments of Anglo-Saxon and Irish mss.*, pl. XLI), etc.

faisait au XIIIe siècle, qu'il est bien forcé d'admettre qu'elles proviennent de l'église antérieure à l'incendie de 1194. Seulement, et voici où il se trompe, il se refuse à croire que les statues des piédroits puissent être contemporaines des petites colonnes trapues qui leur servent de supports. Il semble, dit-il, « que les colonnes primitives étaient simplement ornées de pétales, de petits carrés, de feuillages » et que pour les *moderniser* on les a coupées et placées sans ordre en y intercalant des statues et des dais. Le sciage des colonnes aurait été fait « sans aucun goût », si bien que les unes sont plus hautes que les autres.

M. Marignan a mal regardé ces colonnes, car un examen attentif lui aurait prouvé qu'elles n'ont pas été sciées. Un détail matériel, très facile à constater sur place, et qu'on peut contrôler sur toute photographie bien faite[1] ne laisse subsister aucun doute à cet égard. En effet, le dessin qui orne ces fûts n'est point coupé d'une manière brusque, comme cela aurait été si on les avait sciées pour les surmonter après coup de statues qui n'avaient pas été faites pour elles. Bien au contraire, toutes ces colonnes ont leur partie ornée bordée en haut et en bas d'un filet parfaitement visible[2], qui aurait forcément disparu à l'un ou l'autre bout si le fût avait été raccourci, et dont la présence démontre de la façon la plus péremptoire que ces fûts n'ont pas été sciés.

Ce ne sont donc pas des fragments, des restes de colonnes adaptées à un usage autre que celui auquel on les avait destinées d'abord. Ce sont de petits fûts, qui n'ont jamais été plus longs et qui, semblables à ceux du même genre que l'on voit au Mans, à Bourges, à Châlons, etc., ont toujours servi à porter des statues.

Si donc ils sont du XIIe siècle, comme le pense M. Marignan, — et je le pense avec lui, — il n'est pas possible de douter que les statues qui les surmontent ne soient, elles aussi, du XIIe siècle.

1. Voir les pl. V et VI ci-jointes.

2. Il n'y a que trois colonnes de la porte de droite où je n'ai pu relever ce détail avec certitude. Son existence pourrait aussi être contestée à deux des colonnes de la porte centrale.

Je ne crois pas que les quelques dais qui surmontent une partie de ces statues puissent être invoquées à l'encontre de cette date. M. Marignan prétend que « leur grandeur anormale, leur largeur inusitée, la hauteur qu'ils occupent par rapport aux figures » ne saurait convenir « à la première moitié du XIIe siècle ». Nous verrons plus tard à quelle partie du XIIe siècle ils peuvent remonter. Ce que je prétends prouver en ce moment c'est que le Portail royal de Chartres n'est pas du XIIIe siècle, mais que c'est un reste de l'église brûlée en 1194. Or ces dais viennent précisément à l'appui de ma thèse, car ils n'ont pas l'aspect gothique, ils ne ressemblent pas à ceux qu'on voit à la façade de Notre-Dame de Paris, ou plutôt je me trompe, il y a au côté droit de cette façade un dais du même style, or c'est au-dessus de la figure de la Vierge provenant d'un portail antérieur au XIIIe siècle et remontée dans le tympan de la porte Sainte-Anne.

FIG. 1. — Église Notre-Dame à Parthenay.

Il existe d'ailleurs, dans des monuments conçus dans le plus pur style roman et que l'on ne peut croire postérieurs à 1150 ou 1160, des dais du même style. J'en ai relevé, dont l'analogie avec ceux de Chartres est frappante, au portail de l'église Notre-Dame de la Couldre à Parthenay (fig. 1), et je cite d'autant plus volontiers cet exemple, que les vieillards de l'Apocalypse qui décorent les voussures de ce beau portail sont debout sur des espèces de socles arrondis, entièrement semblables à ceux sur lesquels posent une partie des grandes statues du portail de Chartres.

Mais, dit M. Marignan, ces statues n'ont pas toutes les mêmes dimensions, elles ne sont pas toutes placées à la même hauteur, quelques-unes sont posées sur des supports sans ornementation, d'autres sur des animaux ou sur des personnages accroupis.

Cette observation confirme tout ce que je viens de dire. On pourrait s'étonner en effet, si toutes ces statues avaient été faites à neuf au début du XIIIe siècle, des disparates qu'elles présentent[1]. Mais rien n'est plus facile à expliquer, si on admet qu'elles proviennent d'une église antérieure, ruinée par le feu, et dont on a voulu utiliser les meilleurs morceaux ; car cette église, dont les dimensions exceptionnelles nous sont connues, devait posséder d'autres portes que celles de la façade principale, et il est naturel de supposer qu'en remontant cette façade après l'incendie à la place qu'elle occupe aujourd'hui, on a substitué à quelques-unes des statues endommagées par le feu d'autres provenant de quelque porte similaire, sans s'arrêter aux différences de dimensions de ces statues ou à la variété de leurs accessoires.

On voit qu'aucun des arguments invoqués par M. Marignan ne peut justifier sa thèse, que la plupart au contraire se retournent contre lui et qu'il n'est pas possible de douter que le Portail royal de Chartres ne soit un reste de l'église détruite en 1194.

On peut donc admettre comme hors de doute que le Portail royal de Chartres est dans son ensemble une œuvre du XIIe siècle. Je dis *dans son ensemble*, car je ne voudrais pas affirmer que dans ces nombreuses figures il n'ait pu se glisser aucun morceau de date plus récente. On ne semble guère cependant en avoir admis jusqu'ici la possibilité et aucun des auteurs qui ont décrit le portail de Chartres n'a tenté de faire la part des restaurations ou additions qui auraient pu introduire dans ce vaste tableau quelque élément plus moderne, capable de nous induire en erreur.

M. Marignan est le seul archéologue qui se soit sérieusement

1. Dans les portails de cette époque et de ce style qui n'ont pas été remaniés, les statues sont toutes de même dimension. Voyez par exemple la belle porte de la cathédrale du Mans, dont je reparlerai plus loin (Voir la planche VII ci-après).

préoccupé de cette question, et je ne saurais assez l'en louer, quoiqu'il ait poussé la méfiance à l'excès, et qu'il ait suspecté à tort des morceaux vierges de toute retouche.

En réalité les restaurations exécutées de nos jours par Lassus et Boeswillwald ont été faites avec une discrétion extrême et n'ont porté que sur des détails d'ornement[1], ainsi le bandeau de feuillage, qui surmonte les chapiteaux, a été en partie refait et la moulure si richement décorée qui encadre les archivoltes des trois portes[2] l'a été complètement[3].

Je ne crois pas en revanche, malgré l'assertion de M. Marignan, qu'un seul des anges qui ornent une des voussures de la porte centrale ait été touché, et j'ai vainement cherché dans la porte de droite la statue dont « la tête tout au moins serait moderne »[4]. C'est encore à tort, bien certainement, que M. Marignan émet des doutes sur la Vierge qui se voit au tympan de cette même porte[5]. J'en ai acquis l'assurance auprès des artistes mêmes qui ont collaboré aux restaurations.

1. D'assez nombreux témoins laissés par les artistes chargés de la restauration permettent de constater l'exactitude et l'habileté qu'on a apportées dans la réfection des fragments mutilés. On possède d'ailleurs dans les archives de la Commission des Monuments historiques quelques photographies qui montrent l'état de ce portail avant la restauration.

2. C'est certainement ce détail dont M. Marignan parle en ces termes : « Les arcs de dessus des voussures qui représentent des têtes d'anges dans des feuillages ont été refaits » (*Op. cit.*, p. 3).

3. Je n'ai même pu y découvrir aucun fragment ancien qui nous garantisse l'exactitude de la restitution.

4. Peut-être y a-t-il là un lapsus et s'agit-il de la porte de gauche. En effet les trois statues qui ornent le côté gauche de cette porte ont des têtes rapportées, mais deux de ces têtes sont certainement contemporaines des corps qu'elles surmontent. Elles en auront été séparées par accident lors de la dépose du portail et rajustées sans autre retouche. Quant à la troisième elle a été refaite au XIIIe siècle par un artiste médiocre, et s'accorde mal avec le corps auquel on l'a adaptée.

5. Les raisons que M. Marignan donne (p. 4) de ses doutes seraient au contraire d'excellents arguments pour prouver, s'il en était besoin, l'authenticité de cette Vierge : 1° il trouve que le dessin manque de précision, or pour qui connaît le faire des artistes employés il y a 40 ou 50 ans à la restauration de nos cathédrales, pareil reproche ne peut s'adresser à eux ; 2° le tympan est formé de trois fragments mal soudés ; or c'est une preuve évidente que la Vierge qui occupe le fragment du milieu est ancienne, car nos artistes modernes, quand ils ont un fragment à remplacer, savent le tailler à la mesure exacte et ne laissent pas tout autour de grands joints béants ; — enfin 3° la moulure au-dessus de la Vierge est interrompue ; mais peut-on croire que ceux qui auraient refait la Vierge auraient hésité à refaire une moulure dont ils avaient le modèle sous les yeux. Je ne crois pas d'ailleurs qu'on puisse tirer aucun argument de ce détail, qui me paraît voulu et qu'on remarque également à la porte de gauche dont le tympan n'a sûrement jamais été retouché depuis le XIIe siècle.

J'en dirai autant des deux gémeaux qui figurent à la porte de droite dans la série des signes du zodiaque. M. Marignan croit à une restauration parce qu'ils ont les jambes nues[1]. La raison est mauvaise, car les gémeaux sont souvent représentés au XIIe siècle avec les vêtements courts[2], ou même complètement nus[3]. Quant à leur bouclier, il ne saurait surprendre, car le même grand écu se trouve dès 1150 avec l'umbo saillant et les rais d'escarboucle que nous voyons ici[4].

En résumé et sans vouloir entrer dans les détails d'une démonstration qui serait fastidieuse, il n'y a dans tout le Portail royal aucune figure moderne.

Les grandes statues[5] et les figures des tympans sont incontestablement du XIIe siècle. Peut-on être aussi affirmatif en ce qui concerne les statuettes des voussures? Je le crois. Je dois toutefois reconnaître que certaines semblent dénoter un art plus avancé et par conséquent un âge moins reculé que les figures voisines. Ainsi les quatre vieillards de l'Apocalypse debout à la naissance des voussures de la porte centrale (fig. 2), et les statuettes qui ornent la naissance des voussures de la porte de droite, sont d'un art plus accompli que les autres figurines. Il est certain qu'elles doivent être d'une autre main, mais cela suffit-il pour pouvoir affirmer qu'elles ont été refaites après l'incendie de 1194? J'en doute, et si l'on remarque la ressemblance de ces vieillards avec la superbe figure de roi provenant de Corbeil, que l'on conserve à Saint-Denys[6], il est difficile de ne pas approuver mes doutes.

1. Il est vrai qu'il les prend pour des anges (p. 4), ce qui est une distraction singulière.

2. Ils sont ainsi figurés sur la curieuse cuve en plomb de Saint-Évroult de Montfort (*Album du musée du Trocadéro*, pl. 70).

3. Voir le groupe des gémeaux dans l'archivolte de la grande porte de Vézelay.

4. Voir le sceau de Robert de Vitré ou de Jourdain Tesson (Demay, *Hist. du costume d'après les sceaux*, p. 140 et 141); ou encore celui de l'abbaye de Saint-Victor de Paris (Lasteyrie, *Cartul. génér. de Paris*, t. I, p. XLI, et pl. III, n° 12).

5. J'ai déjà dit, toutefois, que la tête d'une des statues qui ornent le montant de gauche de la porte de gauche est du XIIIe siècle.

6. Voir ci-après, p. 31, fig. 3.

Quoi qu'il en soit, et dût-on admettre que quelques parties des voussures ont pu être refaites lorsque le portail fut remonté après l'incendie de 1194, cela ne saurait empêcher de considérer l'ensemble de la composition comme une œuvre du XIIe siècle.

FIG. 2. — Vieillard de l'Apocalypse ornant la porte principale de la cathédrale de Chartres.

Les documents écrits, on l'a vu plus haut, ne permettent pas de déterminer avec une précision suffisante à quelle partie du XIIe siècle il faut l'attribuer. Il me reste donc à chercher si l'on peut arriver à la solution de ce problème en comparant le portail de Chartres aux monuments similaires dont la date nous est mieux connue.

Une chose frappe tout d'abord, au point de vue iconographique, c'est que les scènes représentées sur ces trois portes sont dans la donnée romane bien plutôt que dans la donnée gothique. Que voit-on en effet habituellement au portail de nos églises gothiques? C'est le Jugement dernier, et la Résurrection des morts; c'est la mort de la Vierge et son couronnement.

Ici, rien de cela. La porte médiane nous montre un Dieu de majesté assis dans une gloire entre les quatre symboles des évangélistes, représentation dont les églises romanes nous offrent une foule d'exemples, et qui a passé de mode avec le règne de Philippe-Auguste.

Le tympan de la porte de droite est consacré à la Vierge; mais, là encore, l'artiste s'est inspiré des données iconographiques de l'époque romane bien plus que des données gothiques, car la Vierge qu'on y voit est encore la Vierge assise tenant l'enfant divin sur ses genoux, comme on la représente à l'époque romane, et les scènes qui forment une double frise au-dessous du tympan sont si bien conçues dans la tradition romane qu'on pourrait avec quelques recherches les retrouver reproduites identiquement et jusque dans les moindres détails sur des monuments romans. Ainsi tout le registre inférieur, où l'on voit la Salutation angélique, la Visitation, la Nativité et l'ange avertissant les bergers se retrouve sans grande variante sur le linteau d'une des deux belles portes romanes qui donnaient jadis accès dans l'église de la Charité-sur-Loire[1].

Si enfin nous passons à la porte de gauche nous y constatons les mêmes réminiscences romanes, et le même éloignement des données gothiques, car ce n'est pas sous cette forme sommaire que les artistes du XIIIe siècle représentent le Jugement dernier, et les dix figures d'apôtres assis sur le linteau n'ont à aucun degré le *faire* gothique, mais rappellent par la variété de leurs attitudes, par la façon dont ils lèvent la tête pour voir ce qui se passe au-dessus d'eux, certaines sculptures romanes bien connues, comme cette curieuse série des 24 vieillards assis au bas du tympan du fameux portail de Moissac.

Les éléments iconographiques du Portail royal relèvent donc de l'art roman. Il en est de même des éléments décoratifs, car ces chapiteaux entièrement couverts de personnages, suivant une mode aussi répandue à l'époque romane que rare à l'époque gothique[2], et ces colon-

1. Il y avait sur la façade de l'église de la Charité trois portes. Celle du milieu a été refaite à la fin du moyen âge. Celle de droite, un magnifique spécimen de l'art roman, a été enlevée de sa place primitive et remontée dans le bras méridional du transept. Celle de gauche est encore en place, mais peu de gens la connaissent, car elle est cachée par une maison moderne qui est venue se coller contre l'angle Nord de l'ancienne façade, et un plancher en coupe en deux le tympan. Je dois à l'obligeance de M. Le Corbeiller une photographie de cette curieuse sculpture, j'en ai fait reproduire la partie inférieure au bas de la pl. IV.

2. On ne peut supposer que les chapiteaux sont d'une autre date que les colonnes qu'ils surmontent car on possède encore à Vermanton (Yonne) un superbe portail du même style, et qui n'a jamais été retouché, or les colonnes ornées de statues y portent des chapiteaux tout à fait semblables à ceux de Chartres.

nettes si richement décorées de rinceaux et de palmettes entremêlés de figurines, et ces fûts de colonnes sur lesquels posent les statues, tout en un mot indique une date encore peu éloignée de l'époque romane et permet d'affirmer, en attendant d'autres preuves, que les sculptures du Portail royal de Chartres appartiennent bien, comme je l'ai dit plus haut, à la période comprise entre 1145 et 1194, et que c'est à la première moitié de cette période plutôt qu'à la seconde qu'il convient de les classer.

L'examen de quelques-uns des monuments de même style que nous possédons encore va confirmer l'exactitude de ces conclusions et me permettre de préciser davantage.

CHAPITRE II

LES PORTAILS DE SAINT-DENYS, DU MANS, DE NOTRE-DAME DE PARIS, DE SAINT-GERMAIN-DES-PRÉS, ETC.

Le XIIe siècle a vu élever en France un grand nombre de portes sculptées analogues à celles de Chartres. Beaucoup ont disparu, il en reste assez[1] cependant pour nous fournir les points de repère dont nous avons besoin.

Beaucoup malheureusement ne peuvent être datées d'une façon assez précise pour que je croie devoir en parler longuement.

Tel est le cas du curieux portail par lequel on pénètre dans l'église Saint-Loup de Naud, près de Provins[2]. Tout ce qu'on en peut dire c'est qu'il semble bien être du XIIe siècle et qu'il paraît postérieur au Portail royal de Chartres[3].

Nous ne sommes pas mieux renseignés sur la date exacte des admirables portes latérales de la cathédrale de Bourges, ou de la belle porte de l'église de Vermanton[4].

1. La liste la plus complète qui en ait été dressée jusqu'ici est celle que donne Vöge, *Die Anfänge des monumentalen Stiles im Mittelalter*, p. 367.

2. Bourquelot, qui a consacré une étude bien documentée au prieuré de Saint Loup de Naud (*Bibl. de l'École des Chartes*, t. II, p. 244), n'a rien trouvé qui permît de dater l'église. — Voy. un assez bon dessin de ce portail dans Aufauvre et Fichot, *Les monum. de Seine-et-Marne*, p. 139.

3. M. Marignan, lui-même, admet cette date sans hésitation. Mais, si j'ai bien compris une phrase assez peu explicite à la dernière page de son mémoire, il croirait les sculptures de Saint-Loup de Naud antérieures à celles de Chartres. — M. Vöge, qui est bon juge, est au contraire de mon avis (*Op. cit.*, p. 207).

4. La reproduction la moins imparfaite que j'en connaisse est celle qu'a donnée Taylor dans ses *Voy. pittor. dans l'anc. France. Bourgogne*.

La cathédrale de Senlis, qui nous offre sur sa façade occidentale une porte de la même famille, ne nous apporte pas un témoignage beaucoup plus précis, car nous sommes mal renseignés sur la marche des travaux de reconstruction dont elle fut l'objet. Nous savons seulement qu'elle fut commencée par l'évêque Thibaud en 1153[1] et que sa dédicace eut lieu le 16 juin 1191[2].

Cet exemple peut donc servir à prouver que le portail de Chartres appartient bien à la période comprise entre 1150 et 1194, il ne nous permet pas de préciser davantage.

J'en dirai autant du beau portail qui s'ouvre sur le flanc méridional de l'église Notre-Dame, à Étampes. Aucun document ne nous en donne la date; mais M. Anthyme Saint-Paul, qui a consacré une bonne étude à ce monument[3], a démontré par des déductions archéologiques dont personne n'a contesté la justesse[4] que ce portail doit appartenir à la période comprise entre 1145 et 1175.

Or, comme il ne paraît guère douteux que son auteur ne se soit inspiré des sculptures de Chartres, il en résulterait que le portail de cette cathédrale serait, au plus tard, du troisième quart du XIIe siècle.

On est conduit à la même conclusion par l'examen des deux admirables figures de roi et de reine provenant de Notre-Dame de Corbeil, et qui se dressent aujourd'hui dans le bras gauche du transept de l'église de Saint-Denys[5]. Elles offrent (fig. 3) une grande analogie avec les sculptures de Chartres, et fourniraient un précieux

1. Cette date est confirmée par des lettres patentes de Louis VII en date de 1154.

2. Charte de l'évêque Geoffroy, dans le Cartul. de N.-D. de Senlis, cité par l'abbé Muller (*Senlis et ses monum.*, p. 31).

3. *Gazette archéologique*, 1884, p. 215.

4. Les auteurs locaux avaient jusque-là beaucoup divagué sur ce portail. — M. de Montrond y voyait la représentation d'un concile tenu en 1130 (*Essais historiq. sur la ville d'Étampes*, t. I, p. 57). — M. Marquis le croyait du XIe siècle (*Les rues d'Étampes*, p. 275).

5. Le portail de cette église était orné de trois figures semblables à chaque piédroit (Lebeuf, *Hist. du dioc. de Paris*, t. XI, p. 191). L'édifice fut démoli en 1820 (Pinard, *Monogr. de l'église N.-D. de Corbeil*, dans la *Revue archéol.*, t. I (1845), p. 165 et 643), mais le portail avait été mutilé à la Révolution, et Lenoir en avait seulement pu sauver les deux statues ici mentionnées qu'il avait recueillies au Musée des monuments français sous les noms de Clovis et de Clotilde.

Fig. 3. — Statues provenant de Notre-Dame de Corbeil.

point de comparaison si on en connaissait la vraie date[1]. Mais tout ce qu'on en peut dire avec certitude, c'est qu'elles sont antérieures à 1180, car on mit par terre, vers cette époque, trois maisons pour faciliter l'accès de la porte qu'elles décoraient[2].

Or elles semblent dénoter un art plus avancé que les statues de Chartres[3], et peuvent donc servir à confirmer ce que j'ai dit plus haut que ces dernières ne sont pas postérieures au troisième quart du XIIe siècle.

C'est à cette même période du XIIe siècle que nous ramène également l'examen d'une série d'autres sculptures aujourd'hui détruites, mais dont nous pouvons apprécier le style grâce à d'anciens dessins qui nous en ont conservé les traits principaux, et à quelques fragments qui ont échappé au vandalisme dont le reste a été victime.

De ce nombre étaient les statues qui ornaient la porte septentrionale de l'église de la Madeleine à Châteaudun. Elles ont été détruites en 1793, mais elles nous sont connues par les dessins qu'en a fait exécuter Lancelot au siècle dernier[4]. Ces dessins sont bien imparfaits, ils suffisent cependant à montrer que c'était une œuvre de la même famille que Chartres, ce que confirment les quelques débris d'archivolte encore existants aujourd'hui[5].

Or l'église de la Madeleine a dû être reconstruite peu après l'époque où le comte de Blois, Thibaud IV, y installa des chanoines réguliers, ce qui eut lieu en 1130[6]. La date la plus reculée à laquelle on puisse attribuer son portail serait donc de 1130 à 1150[7]. Et

1. On a beaucoup varié d'opinion à cet égard depuis l'abbé Lebeuf qui en faisait des monuments de la fin du XIe siècle (*Hist. du dioc. de Paris*, t. XI, p. 191) et Lenoir qui les attribuait à l'époque mérovingienne (*Monumens des arts libéraux, etc., de la France*, Analyse des planches, p. 9).

2. Labarre, *Hist. de Corbeil*, p. 157. — Lebeuf, *Hist. du dioc. de Paris*, t. XI, p. 191.

3. C'est l'avis de M. Vöge (*Die Anfänge des monum. Stiles*, p. 235).

4. Ils ont été reproduits dans les *Mém. de l'Acad. des inscr. et belles lettres*, t. IX, p. 185.

5. Eug. Lefèvre-Pontalis, *Étude archéol. sur l'église de la Madeleine de Châteaudun*, dans le *Bull. de la Soc. dunoise* de 1887.

6. *Gallia christ.*, t. VIII, instr., col. 326.

7. Voy. Lefèvre Pontalis, *op. cit.*, p. 4.

comme il est encore en plein cintre[1], tandis que les trois portes de la façade occidentale de Chartres sont en arc brisé ; comme les figures y étaient certainement plus lourdes, plus trapues[2], en un mot beaucoup moins élégantes qu'à Chartres, il n'est guère douteux qu'il ne fût plus ancien que le Portail royal, et il peut servir de preuve pour classer celui-ci au troisième quart du XIIe siècle.

Un nouvel argument dans le même sens nous est fourni par l'église abbatiale de Saint-Denys. Sa façade occidentale était ornée d'un triple portail presque aussi developpé que celui de Chartres, et dont les piédroits, les tympans et les archivoltes étaient également décorés de statues et de bas-reliefs. Il n'en reste aujourd'hui que le souvenir. Car le XVIIIe siècle n'a pas craint de porter la main sur ces curieux spécimens de notre vieil art français ; puis est venue la Révolution qui les a horriblement maltraités ; et, pour comble, les stupides restaurations dont cette pauvre église a été l'objet pendant la première moitié du XIXe siècle ne nous ont rendu qu'une horrible caricature de ce qu'on voyait jadis. Mais Montfauçon nous en a laissé une description fidèle, et ce qui vaut mieux encore, il en a fait faire des dessins que l'on conserve à la Bibliothèque nationale[3], et dans lesquels, chose remarquable pour l'époque, le style des figures est assez bien observé[4]. M. Vöge, qui en a reproduit une partie dans son livre[5], a fort bien montré l'étroite parenté qui reliait ces sculptures à celles de Chartres[6] mais il a commis une grosse erreur qui montre combien les théories les plus ingénieuses sont chose fragile quand on n'a pas pris soin de les étayer par une exacte chronologie des monuments sur lesquels on prétend disserter.

1. Voir la planche jointe au mémoire de M. Lefèvre-Pontalis.

2. On en peut juger, malgré l'extrême imperfection de la gravure, dans la planche jointe au mémoire que leur a consacré Lancelot au siècle dernier (*Mém. de l'Acad. des inscr.*, t. IX, pl. VI, p. 185).

3. Bibl. nat., ms. fr. 15634.

4. Voir ci-après planche VIII.

5. *Die Anfänge des monum. Styles in Mittelalter*, p. 84, 86, 88, 231 et 307.

6. *Ibid.*, p. 83.

M. Vöge, dis-je, a commis une grosse erreur, car il se figure que le Portail royal de Chartres est plus ancien que celui de Saint-Denys[1] et il en tire une série de conséquences radicalement fausses sur la filiation de nos grands ateliers de sculpture au XIIe siècle.

Il a admis, en effet, sans contrôle l'opinion que j'ai réfutée plus haut, et qui attribue à 1135 au moins la construction du portail de Chartres[2], et comme les documents les plus précis attribuent à 1140 celui de Saint-Denys il en a logiquement déduit une thèse que tout vient contredire.

L'examen comparé des principaux caractères architectoniques de l'un et l'autre monument aurait dû cependant l'avertir de son erreur. Je ne parle pas, bien entendu, du style des sculptures, car elles n'existent plus, et les arguments qu'on peut tirer des dessins qui nous en ont conservé le souvenir pourront prêter toujours à contestation, puisqu'on n'a plus le moyen d'en contrôler l'exactitude.

Mais on ne peut manquer d'être frappé en examinant l'aspect général de ces façades de ce fait encore manifeste malgré les mutilations et les restaurations, c'est que l'une est infiniment plus romane que l'autre, et qu'elle dénote dans ses traits essentiels un âge plus reculé. Rien que l'emploi de l'arc brisé dans les trois baies du portail de Chartres, alors qu'à Saint-Denys le vieil arc en plein cintre domine encore, n'est-ce pas une preuve que la façade de Chartres est plus jeune que celle de Saint-Denys, et je ne parle pas, de peur d'être

1. « Le portail principal de Chartres, dit-il n'appartient pas à la période qui commence en 1145 ; il est plus ancien. Le maître qui sculpta la porte médiane de la façade de Saint-Denys est venu de Chartres, suivant toute apparence ; il en est venu dans les dernières années de la quatrième décade du XIIe siècle, car en 1140, le portail de Saint-Denys était achevé dans ses parties essentielles » (Vöge, *Die Anfänge des monum. Styles*, p. 122).

2. Il a aussi été influencé par l'erreur commune qui assigne au Clocher vieux une date plus ancienne qu'au Clocher neuf, et qui a fait attribuer au premier divers passages du Nécrologe de la cathédrale qui concernent le second. Or une partie de ces textes concernent sans doute des travaux exécutés après l'incendie de 1134 ; et comme l'examen du monument dénote suffisamment que le Portail royal ne saurait être postérieur de beaucoup au Clocher vieux, M. Vöge a été logiquement conduit à reculer le Portail royal jusque vers 1135. Les très justes observations de M. Lanore sur l'âge relatif des deux clochers (*Revue de l'art chrétien*, XLIIe année, 1899, p. 328 et s.) ont ruiné tout ce raisonnement de fond en comble ; et obligent au contraire à rajeunir le portail de Chartres d'un quart de siècle au moins (Voir plus haut, p. 8 et 9).

trop long, de toutes les preuves accessoires que l'on peut tirer de l'examen comparatif des chapiteaux, des bases des colonnes, des motifs d'ornement[1]. Tout cela démontre que plusieurs années, plusieurs lustres même, se sont écoulés entre les deux constructions. Or la date du portail de Saint-Denys nous a été donnée par Suger avec la plus grande précision. Il était terminé en 1140[2]. Par conséquent le portail occidental de la cathédrale de Chartres ne peut être antérieur à 1150 ou 1160.

On arrive à des conclusions analogues en examinant le beau portail qui se dresse sur le flanc méridional de la cathédrale du Mans. Il a des rapports trop frappants, en effet, avec les trois portes de la façade occidentale de Chartres pour n'en être pas contemporain[3].

Or M. Lefèvre-Pontalis a donné les raisons les plus convaincantes[4] pour en attribuer la construction à l'évêque Guillaume de Passavant (1142-1186) qui couronna les grands travaux qu'il fit faire à sa cathédrale par une dédicace solennelle. Elle eut lieu en 1158[5], et si on remarque certains traits d'archaïsme, comme l'emploi de l'arc en plein cintre pour l'amortissement du tympan, et de la riche archivolte qui l'encadre, il est impossible de croire ce portail de beaucoup postérieur à l'époque de cette dédicace.

1. Je ne sais si l'on peut trouver sur la façade de Saint-Denys un seul fragment de colonne, un seul détail d'ornement qui soit ancien. Mais à l'intérieur du monument, sous les tours, et dans les deux travées attenantes, il y a encore un assez grand nombre de colonnes contemporaines de Suger, et dont les chapiteaux et les bases peuvent être utilement comparés aux morceaux similaires qui se sont conservés au rez-de-chaussée des clochers de Chartres. Si M. Vöge avait pu faire cet examen, il n'aurait jamais soutenu la thèse que je réfute.

2. Suger nous apprend que les travaux de cette partie du monument furent commencés en 1137 et consacrés en 1140 (*De rebus in admin. sua gestis*, c. XXVI). La mosaïque, dont Suger avait « contra usum » décoré le tympan de la porte de droite, s'est conservée jusqu'en 1771 ; cela prouve, comme M. de Verneilh l'a fait observer avec raison (*Annal. archéol.*, t. XXIII, p. 10) que le portail de Suger n'avait jamais été rebâti.

3. Le tympan et les dix grandes statues qui ornent les piédroits de cette porte présentent la plus complète similitude avec les parties correspondantes de la porte centrale de Chartres. Les figurines des voussures sont plus compliquées au Mans, en revanche l'architecte a conservé l'arc plein cintre, tandis qu'à Chartres les trois portes sont amorties en arc brisé.

4. *Étude hist. et archéol. sur la nef de la cath. du Mans* (Mamers, 1889, in-8°), p. 37.

5. *Gesta Guillelmi episcopi*, dans Mabillon, *Vetera analecta*, p. 330.

Voilà donc un ensemble considérable de preuves concordantes qui nous autorise à placer l'exécution du Portail royal de Chartres aux environs de l'an 1160.

Mais, dira-t-on, cette conclusion est inconciliable avec le témoignage fourni par la porte Sainte-Anne de la cathédrale de Paris[1]. Tout le monde sait en effet qu'on a utilisé au XIIIe siècle, pour la décoration de cette porte, un fragment de tympan provenant d'un édifice plus ancien. La chose saute aux yeux rien que par la différence de forme de l'arc brisé qui encadre ce tympan, et de la riche archivolte qui le surmonte. Or on est généralement d'accord pour voir dans cette sculpture un reste de la cathédrale[2] démolie pour faire place au grand édifice commencé par Maurice de Sully peu après 1160[3].

Ce serait donc une œuvre du commencement du XIIe siècle, car l'église Notre-Dame que la cathédrale actuelle a fait disparaître avait été restaurée par les soins de l'archidiacre Étienne de Garlande mort avant 1142[4].

Or la Vierge à l'Enfant qui décore le sommet de la porte Sainte-Anne offre des ressemblances assez grandes avec les sculptures de

1. C'est la porte de droite de la façade principale.

2. Lebeuf (*Hist. du dioc. de Paris*, t. I, p. 11 et 12), Montfaucon (*Monum. de la monarchie franç.*, t. I, p. 56), Lenoir (*Stat. monum. de Paris*, p. 269) remarquent sans préciser davantage que cette porte contient des morceaux rapportés, et plus anciens que le reste. Guilhermy dit seulement que le tympan est une œuvre antérieure à 1180 (*Itinér. archéol. de Paris*, p. 74 et 75). M. Victor Mortet (*Étude hist. sur la cath. de Paris*, p. 31), plus affirmatif, estime que c'est une œuvre du commencement du XIIe siècle, d'accord en cela avec Viollet-le-Duc (*Diction. d'archit.*, t. VII, p. 393, et t. IX, p. 365).

3. Le chroniqueur Jean de Saint-Victor attribue la pose de la première pierre de l'édifice au pape Alexandre III. Or celui-ci séjourna à Paris du 24 mars au 25 avril 1163. M. Victor Mortet (*Étude sur la cath. de Paris*, p. 40, 41, etc.) attache peu de valeur à ce témoignage fort postérieur à l'événement. Jean de Saint-Victor vivait en effet au XIVe siècle, mais on a bien d'autres preuves que Maurice songea aussitôt son avènement à reconstruire sa cathédrale (Voir les actes que j'ai publiés dans mon *Cartulaire général de Paris*, nos 435, 451, etc.).

4. M. Mortet (*Op. cit.*, p. 24 et 25) croit que l'église Notre-Dame fut *reconstruite* dans le premier quart du XIIe siècle. Mais il conteste la part que l'archidiacre Étienne aurait prise à cette reconstruction. Il a tort. Je crois l'avoir amplement démontré dans l'étude spéciale que j'ai consacrée à la porte Sainte-Anne, dans les *Mémoires de la Société de l'histoire de Paris*, t. XXIX, p. 1 et suiv. Je ne fais que résumer ici les conclusions de ce travail.

la porte méridionale de Chartres pour que M. Vöge ait pu soutenir qu'elle sortait du même ciseau. Si donc ce tympan est antérieur à 1142, il n'est plus possible de rajeunir, comme je l'ai fait, le Portail royal de Chartres, car c'est certainement lui qui a servi de modèle à l'autre[1].

La date du tympan de la porte Sainte-Anne a donc une grande importance et on me pardonnera si je m'attarde un peu à la discuter, car il faut reconnaître qu'on a fait jusqu'ici bien peu d'efforts pour la déterminer avec quelque rigueur.

La date de 1140 qu'on lui donne habituellement se heurte à une première et grave objection : elle est inconciliable avec le sujet qu'on y voit représenté. En effet, les auteurs qui ont étudié l'iconographie de cette porte, MM. de Guilhermy, Vöge, Mâle, sont d'accord pour reconnaître dans les figures du roi et de l'évêque à genoux ou debout aux côtés de la Vierge, Louis VII et Maurice de Sully. Or si cette interprétation est juste, il faut rajeunir cette sculpture d'un quart de siècle au moins, car Maurice n'est monté sur le trône épiscopal qu'en 1160.

Mais je vais plus loin et j'estime que le tympan de la porte Sainte-Anne est postérieur à la mort de Louis VII, c'est-à-dire à 1180, car j'y relève deux détails caractéristiques auxquels je m'étonne que personne ne se soit arrêté.

Le roi ici représenté est barbu, or on sait de façon certaine, notamment par le témoignage des sceaux, que Louis VII, comme Philippe-Auguste, a toujours eu le visage rasé. Comment donc supposer qu'un sculpteur travaillant de son vivant, vers 1140 surtout, à une époque où le roi était encore un jeune homme d'une vingtaine d'années, l'ait affublé d'une barbe aussi fournie. La chose au contraire peut s'expliquer, si on admet que ce tympan n'a été exécuté qu'après la mort de Louis VII, car on comprend que le sculpteur, pour mieux distinguer ce roi de Philippe-Auguste, imberbe et encore jeune, lui

1. Je ne pense pas que l'on en puisse douter si on remarque l'attitude et le dessin des anges qui flanquent la Vierge.

ait donné la barbe qui a toujours été considérée comme un attribut de l'âge.

L'autre détail n'est pas moins probant. L'évêque debout auprès de la Vierge est coiffé de la mitre, or ce n'est pas la mitre à deux cornes telle que la portait Maurice de Sully (fig. 5), à l'imitation de ses prédécesseurs[1], ce n'est même pas la mitre de forme à peu près triangulaire telle que certains prélats commencèrent à la porter vers le milieu du XIIe siècle[2] mais qui ne devint un peu commune

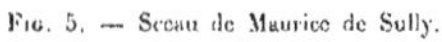

FIG. 5. — Sceau de Maurice de Sully.

FIG. 6. — Sceau d'Eudes de Sully.

que vers la fin du règne de Louis VII, c'est la mitre de forme pentagonale qui n'apparaît que dans les dernières années du XIIe siècle[3], et ne fut d'un usage répandu qu'après 1200. Eudes de Sully (1196-1208) est le premier évêque de Paris qui en soit coiffé sur son

1. Voir les reproductions des sceaux des évêques de Paris que j'ai données dans mon *Cartulaire gén. de Paris*, pl. I et II. Les premiers évêques du XIIe siècle, Galon, Girbert, Étienne de Senlis († 1142) ne portent pas la mitre, quoi qu'en ait dit Douët d'Arcq. Thibaud (1143-1157), Pierre Lombard (1159-1160) ont la mitre cornue. Il en est de même de Maurice de Sully dans tous les exemplaires connus de son sceau.

2. Les plus anciens exemples que j'en connaisse se voient sur les sceaux d'Hugues, évêque d'Auxerre (vers 1144) publié par Demay (*Le costume d'après les sceaux*, p. 270, fig. 332), de Barthélemy, évêque de Beauvais en 1165 (*Ibid.*, p. 282, fig. 352), de Manassès, évêque de Langres, en 1187.

3. Voir le sceau de Philippe, évêque de Rennes, entre 1179 et 1182 (Demay, p. 287, fig. 362), et de Gui, archevêque de Sens, en 1191 (Demay, p. 296. Douët d'Arcq, *Inv. des sceaux des Archives*, t. II, n° 6387).

sceau (fig. 6). On ne saurait donc reculer ce bas-relief au delà de 1180 ou 1190, et s'il est vrai, comme l'estime M. Vöge, et comme l'admet M. Mâle, que son auteur est le même que celui qui sculpta la jolie Vierge de la porte méridionale de la façade de Chartres[1], c'est une nouvelle preuve que cette façade n'est pas de la première moitié du XIIe siècle, comme tant de gens l'ont cru, mais qu'elle appartient à une période plus avancée du règne de Louis VII.

L'église Saint-Germain-des-Prés peut, elle aussi, fournir un argument contre ceux qui persisteraient à considérer le Portail royal de Chartres comme antérieur à 1150.

On sait en effet que de grands travaux de reconstruction furent entrepris dans cette église, vers le milieu du règne de Louis VII, par les soins de l'abbé Thibaud et de son successeur Hugues de Monceaux[2]. Le chœur fut totalement rebâti ainsi que la porte d'entrée principale, et celle-ci fut ornée de huit statues qui ont malheureusement disparu pendant la Révolution, mais dom Bouillart[3] et Montfaucon[4] nous en ont donné des reproductions assez précises (fig. 7) pour qu'on puisse certifier qu'elles étaient à peu près contemporaines de celles de Chartres. La dédicace du nouveau chœur eut lieu en présence du pape Alexandre III le 21 avril 1163[5], il est donc probable qu'il était dès lors, sinon terminé, du moins assez avancé. Quant à la porte d'entrée nous n'en avons pas la date, mais il est

1. Pour être sincère, je dois avouer que j'aurais quelques réserves à faire sur les ingénieux rapprochements proposés par MM. Vöge et Mâle. La ressemblance entre la Vierge de Chartres et celle du portail Sainte-Anne est assurément fort grande : même attitude, mêmes gestes, même vêtement, même agencement des plis, même voile tombant sur les joues de la Vierge, même bague à son doigt. Mais là s'arrêtent les ressemblances. Les anges qui flanquent la Vierge sont aussi lourds à Paris qu'ils sont élégants à Chartres. Ils ont même attitude et même costume, mais à Chartres on sent une œuvre originale pleine de mouvement et de vie ; à Paris, l'œuvre insignifiante et banale d'un copiste. Si donc le maître de Chartres a travaillé au tympan de la porte Sainte-Anne, c'est dans la Vierge seule qu'on peut retrouver sa main. Mais il est plus probable que ce tympan est seulement l'œuvre de ses élèves qui l'ont imité sans parvenir à l'égaler.

2. Tous deux étaient des moines de Vézelay.

3. *Hist. de l'abb. de Saint-Germain-des-Prés*, p. 309, pl. IV.

4. *Monum. de la monarchie franç.*, t. I, pl. VII.

5. Voir un curieux document relatif à cette dédicace dans mon *Cartul. général de Paris*.

vraisemblable qu'elle ne fut exécutée que trois ou quatre lustres après la construction du chœur, car dans les statues qui la décoraient, on remarquait une figure d'évêque, coiffée de cette même mitre que Maurice de Sully porte à la façade de Notre-Dame de Paris, et qui ne devint à la mode, on vient de le voir, que dans le dernier quart

Fig. 7. — Piédroits du Portail de Saint-Germain-des-Prés.

du XIIe siècle. Il est donc difficile de croire cette porte de Saint-Germain-des-Prés de beaucoup antérieure à 1180, et, impossible par conséquent, de faire remonter au delà de 1160 au plus tôt les sculptures du Portail royal de Chartres.

Enfin, si on ne trouve pas ces arguments assez convaincants, j'invoquerai une dernière preuve empruntée cette fois à un monument à date certaine, et qu'aucun des archéologues qui ont étudié jusqu'ici les sculptures de Chartres ne semble avoir remarqué.

On possède à Autun les débris d'une œuvre de premier ordre qui formait un des plus beaux ornements de l'église Saint-Lazare et qui n'aurait aujourd'hui de parallèle nulle part, si une décision capitulaire du 24 janvier 1766 n'en avait ordonné la destruction. C'était le tombeau du saint patron de l'église[1]. Un moine nommé Martin en était l'auteur. C'était un vaste mausolée, où l'on voyait Lazare couché dans son cercueil dont quatre personnages soulevaient le couvercle. Aux deux extrémités se trouvaient, d'une part, le Christ, accompagné de saint Pierre et de saint André, de l'autre, sainte Marie-Madeleine, et sainte Marthe qui se bouchait le nez avec un pan de son manteau. Le monument était adossé à l'autel que surmontait une grande dalle de marbre avec le Christ en croix. De ce bel ensemble on a pu sauver le Christ en croix et les statues de saint André, sainte Marthe, et sainte Madeleine[2], sans compter un assez grand nombre de fragments accessoires. Ces statues ne dénotent pas un art beaucoup plus avancé que celui de Chartres[3], et elles ont avec celles-ci une trop proche parenté pour que l'on puisse les attribuer à une date sensiblement différente. Or elles sont postérieures à 1170, car une inscription nous apprend que le tout avait été sculpté sous le pontificat de l'évêque Etienne qui siégea de 1170 à 1189[4].

Un mot encore.

1. Voir la notice que M. Thiollier a consacré à ce monument dans le *Bull. archéol. du Comité*, année 1894, p. 445. — M. Vöge ne semble avoir eu connaissance de ces sculptures que par les quelques mots qu'en a dit Harold de Fontenay dans son *Épigraphie Autunoise* (*Mém. de la Soc. Éduenne*, nouv. série, t. VII, p. 207, n° 111).

2. J'ai fait reproduire sur la planche X, le Christ en croix et les statues de saint André et de la Madeleine, d'après des photographies que je dois à l'obligeance de M. Thiollier. Celle de sainte Marthe a été donnée par lui dans la planche jointe à sa notice.

3. Parmi les fragments accessoires qu'on a conservés, beaucoup ont encore une apparence assez archaïque, et relèvent plutôt de l'art roman que de l'art gothique, c'est un sérieux argument à opposer à ceux qui me reprocheraient de trop rajeunir la façade de Chartres.

4. Martinus monachus lapidum mirabilis arte
Hoc opus exsculpsit Stephano sub presule magno.
(Thiollier, *loc. cit.*, p. 456).

Depuis que j'ai communiqué les observations qui précèdent à l'Académie des Inscriptions, trois auteurs, MM. Lanore, Mayeux et Lefèvre-Pontalis, se sont occupés de la façade de la cathédrale de Chartres. J'ai sommairement indiqué plus haut en quoi consiste la thèse de M. Mayeux et dit les motifs qui m'empêchent absolument de m'y rallier[1].

Les conclusions de M. Lanore sont moins éloignées des miennes[2]. Je crois toutefois qu'il vieillit trop le Portail royal. Il en place la construction entre 1145 et 1155. Il invoque pour cela le passage du nécrologe mentionnant une Vierge « auro decenter ornata » donnée par l'archidiacre Richer vers 1150. Or j'ai montré combien il était douteux qu'on pût identifier cette vierge avec celle qui orne la porte méridionale de la cathédrale[3]. Il s'appuie encore sur le fait qu'en 1145 on travaillait au Clocher vieux et que les moulures qu'on voit au rez-de-chaussée de cette tour ont le même caractère que celles du portail. Cette observation est juste; mais les moulures dont il s'agit ont un profil qui resta trop longtemps en usage pour qu'elles puissent servir à dater le monument avec tant de précision.

Enfin M. Lanore invoque les relations de grande amitié qu'entretint l'évêque de Chartres, Geoffroi de Lèves (1115-1148), avec le fameux abbé de Saint-Denys, Suger. Geoffroy fut un des évêques qui assistèrent à la consécration du chœur de Saint-Denys, le 11 juin 1144. Or le portail de cette église est de 1140, l'évêque de Chartres a donc pu y prendre l'idée d'enrichir sa cathédrale d'un portail analogue. Mais je rappellerai qu'en 1145 on s'occupait d'élever les deux grandes tours de la façade, et j'ai fait ressortir combien il est peu probable qu'au moment où ce grand travail était poussé avec le plus d'activité, on ait pu songer à s'occuper du portail. Celui-ci, en effet, constituait une sorte de luxueux hors-d'œuvre; il formait la partie antérieure d'un porche précédant

1. Voir ci-dessus, p. 12, note 4.
2. Voir dans la *Revue de l'art chrétien*, 5e série, t. X, p. 328, et t. XI, p. 32 et 137.
3. Voir ci-dessus, p. 11.

l'église[1]. Or en admettant même qu'on disposât de ressources assez abondantes pour songer à des travaux de pur luxe alors que les tours devaient nécessiter d'énormes dépenses, n'est-il pas évident qu'on a dû attendre pour travailler au porche que les tours fussent débarrassées, en partie au moins, de leurs échafaudages et que la place ne fût plus encombrée par tous les matériaux nécessaires à leur construction.

M. Lefèvre-Pontalis[2] admet, avec M. Lanore, que la Vierge « auro decenter ornata » est bien celle de la porte de droite. Il en conclut que le portail de Chartres est antérieur à 1156, époque la plus tardive à laquelle on puisse fixer la mort du donateur de la Vierge dorée[3]. Or cette date concorde avec celle qu'il faut attribuer à la porte de la cathédrale du Mans dont j'ai parlé plus haut. Enfin M. Lefèvre-Pontalis pense que le déplacement de ces trois baies et leur réédification à l'alignement antérieur des deux tours aurait eu lieu vers 1180, c'est-à-dire avant le grand incendie qui nécessita la reconstruction complète de la cathédrale[4]. Les motifs sur lesquels il s'appuie ne me paraissent pas convaincants, et je ne puis croire qu'on ait procédé à une opération aussi délicate sans raison impérieuse. Il a fallu quelque circonstance grave comme l'incendie de 1194 pour la rendre nécessaire, et je ne serais pas étonné qu'elle n'ait eu lieu qu'au début du règne de saint Louis, alors que le gros de l'œuvre de reconstruction était achevé, car j'ai signalé à la porte de gauche une statue dont la tête a été manifestement refaite au XIIIe siècle, et l'on peut supposer sans invraisemblance que cette restauration a coïncidé avec le transfert de la façade.

1. Cela est aujourd'hui admis par tout le monde. L'absence de feuillure sur les montants et les linteaux des trois baies prouvent qu'elles ne devaient point primitivement être fermées par des vantaux, mais rester ouvertes. Elles ne pouvaient donc donner accès qu'à un porche et non entrée dans l'église même. Il y a de plus au revers de la façade actuelle des colonnes dont la présence n'est explicable que par l'hypothèse d'un porche divisé en trois parties parallèles.

2. *Congrès archéologique tenu à Chartres en* 1900, p. 288.

3. Le dernier acte connu où il figure est de 1149; le premier où se rencontre le nom de son successeur, Guillaume, est de 1156 (Merlet, *Dignitaires de l'église Notre-Dame de Chartres*, p. 144 et 145).

4. *Ibid.*, p. 290.

Mais je n'insiste pas ; ce que j'ai voulu, c'est établir aussi sûrement que possible l'époque à laquelle les sculptures du Portail royal ont été exécutées. Or, sur ce point nous sommes assez près de nous entendre puisque c'est en somme au troisième quart du XIIe siècle que M. Lefèvre-Pontalis les attribue comme je l'ai fait moi-même[1].

1. Je tiens, en terminant ce chapitre, à remercier M. Lefèvre-Pontalis de l'empressement qu'il a mis à me communiquer les beaux clichés qu'il a faits de la façade de Chartres. C'est d'après ces clichés qu'ont été exécutées mes planches II à VI.

CHAPITRE III

LE CLOITRE DE SAINT-TROPHIME D'ARLES

Je crois avoir démontré avec un ensemble de preuves suffisamment convaincant que le portail occidental de la cathédrale de Chartres avait dû être sculpté entre 1150 et 1175.

Il me reste à examiner s'il est possible d'accorder cette date, avec la théorie qui fait dériver la brillante école à laquelle on doit ce monument de celle qui a laissé dans le Midi de si remarquables traces, à Arles, à Saint-Gilles, et dans quelques autres églises.

Mais avant de rechercher si la critique archéologique confirme cette doctrine, si habilement soutenue par M. Vöge, il faut savoir à quoi s'en tenir sur la date de construction de ces églises méridionales. Il est, en effet, bien évident que, si les artistes qui ont sculpté le portail ou le cloître de Saint-Trophime n'ont vécu qu'au XIIIe siècle, comme M. Marignan le prétend dans un long mémoire [1], ils n'ont pu collaborer au portail de Chartres, ni former les artistes qui y ont travaillé.

Il importe donc de discuter à fond cette question de date, car on ne peut, sans l'avoir résolue, édifier aucune théorie solide sur la genèse de l'art gothique ; et, de plus, on possède encore dans le Midi un assez grand nombre de morceaux de sculpture, que l'on est d'accord pour attribuer au XIIe siècle à cause de leur analogie avec

1. Marignan, *L'école de sculpture en Provence du XIIe au XIIIe siècle*, dans le *Moyen-Age* année 1899, p. 1 et suiv.

les sculptures de Saint-Trophime, mais qu'il faudrait toutes ramener au siècle suivant, s'il était démontré que ces dernières sont postérieures à l'an 1200[1].

A vrai dire, la date de ces sculptures est encore mal établie. Les écrivains qui en ont parlé ont généralement négligé de nous faire connaître les motifs de leur opinion, et grandes sont les divergences que l'on rencontre dans leurs appréciations.

Voici le portail de Saint-Trophime d'Arles, par exemple : il a été attribué par Millin au XIIIe siècle[2], par Emeric David[3] et Mérimée au milieu du XIIe[4]. Jacquemin affirme qu'il n'a pas été commencé avant 1221[5]. Estrangin[6] et Clair[7] sont du même avis.

En revanche, Viollet-le-Duc opine, pour la première moitié du XIIe siècle[8] ; Revoil[9] croit ce portail contemporain de la translation des reliques de saint Trophime, c'est-à-dire de 1152. Enfin Vöge l'attribue aux environs de 1135[10].

Mêmes divergences d'opinion quant au cloître. Clair[11] a cru voir dans une de ses galeries une œuvre du IXe siècle ; Estrangin[12] le plaçait au XIe ; Mérimée[13] et Revoil[14], au XIIe ; Viollet-le-Duc[15], suivi sur ce point par M. Vöge[16], met les deux galeries les plus

1. C'est d'ailleurs à ce rajeunissement général que conclut M. Marignan, il rejette successivement au XIIIe siècle les sculptures d'Arles, de Saint-Gilles, de Nîmes, de Saint-Barnard de Romans, de Maguelonne, de Montmajour, etc.

2. *Voyage dans les départements du Midi de la France*, t. III, p. 596.

3. *Essai sur le classement chronol. des sculpteurs grecs les plus célèbres*, 3e édit., p. 35.

4. *Voy. dans le Midi de la France*, p. 290.

5. *Guide du voyageur dans Arles*, p. 341.

6. *Études archéol. sur Arles*, p. 203. — Idem, *Descript. d'Arles*, p. 83.

7. *Les Monumens d'Arles*, p. 113.

8. *Dictionn. d'archit.*, t. VII, p. 419. Il le croit antérieur à la Porte de la Vierge de la façade de la cathédrale de Paris, qu'il a attribuée à Étienne de Garlande mort avant 1142 (Cf. ci-dessus, p. 36).

9. *Architecture romane du Midi de la France*, t. II, p. 35.

10. Il dit qu'il appartient « zu Beginn des zweiten Drittels des 12ten Jahrhunderts » (*Die Anfänge des monumentalen Styles*, p. 130).

11. *Les Monumens d'Arles*, p. 120.

12. *Études archéol. sur Arles*, p. 188.

13. *Voy. dans le Midi de la France*, p. 293.

14. *L'archit. rom. dans le Midi de la France*, t. II, p. 43, 44.

15. *Dictionn. d'archit.*, t. III, p. 417.

16. *Die Anfänge des monumentalen Styles*, p. 131.

anciennes au commencement du XIIe siècle; Emeric David, à la fin seulement[1].

Quant à M. Marignan, il croit la galerie Nord du cloître contemporain du premier tiers du XIIIe siècle, et le portail postérieur à l'achèvement de cette galerie, c'est-à-dire de 1230 environ[2]!

Les textes n'apportent d'argument solide à l'appui d'aucune de ces hypothèses. Ils sont à peu près muets sur l'histoire de l'église Saint-Trophime et de son cloître. Tout ce qu'on en dit d'habitude est emprunté à Saxius, qui affirme que cette église fut bâtie en 601 par l'archevêque d'Arles, saint Virgile, et dédiée à saint Etienne le 17 mai 626[3], qu'elle fut respectée par les Sarrasins, lorsqu'ils vinrent piller les bords du Rhône en 738[4], qu'elle existait encore au XIIe siècle, quand, en 1152, l'archevêque Raymond de Montrond y transporta solennellement le corps de saint Trophime, conservé jusque-là dans l'église Saint-Honorat des Aliscamps[5].

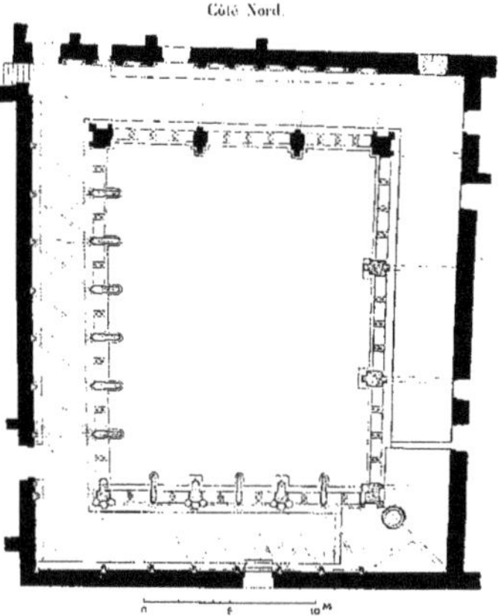

FIG. 8. — Plan du cloître de Saint-Trophime d'Arles.

C'est, comme je l'ai dit plus haut, le fait de cette translation qui

1. *Essai sur le classement des sculpteurs grecs*, p. 35.

2. « La construction de la galerie Nord doit être placée au plus tôt dans les premières années du XIIIe siècle. Les profils des moulures, l'iconographie des scènes, le dessin des figures nous reporteraient *même au premier tiers* du XIIIe siècle. Ce travail terminé, on aura songé à la décoration du portail, et ensuite à l'érection de la galerie Est » (*L'école de sculpture en Provence du XIIe au XIIIe siècle*, p. 27).

3. *Hist. primatum S. Arelat. eccl.*, p. 150.

4. *Ibid.*, p. 162.

5. *Ibid.*, p. 231. — Cf. Anibert, *Mém. hist. sur l'anc. républ. d'Arles*, 2e partie, ch. VII, p. 103 et s.

a conduit bon nombre d'archéologues à fixer au milieu du xiie siècle la construction du beau portail de Saint-Trophime. Mais, encore une fois, c'est une pure hypothèse, et je ne vois rien dans les documents écrits qui puisse la confirmer.

M. Marignan a procédé d'une façon beaucoup plus scientifique en cherchant à déterminer l'âge du cloître et du portail de Saint-Trophime à l'aide d'une analyse détaillée des représentations que l'on y voit figurées. De l'examen auquel il s'est livré résulte la preuve certaine qu'aucune des sculptures du cloître ou de l'église ne peut être antérieure à la seconde moitié du xiie siècle. De cela, je suis aussi convaincu que lui. Mais il va plus loin, et prétend démontrer que la partie la plus ancienne du cloître ne remonte qu'au premier tiers du xiiie siècle. Or c'est, à mon avis, une erreur dans laquelle il ne serait pas tombé s'il avait prêté une plus grande attention aux inscriptions qui se lisent encore dans les diverses parties du monument.

Malheureusement l'épigraphie du moyen âge n'est guère en honneur parmi nos archéologues, et je ne m'étonne pas qu'on ait si peu songé à discuter les inscriptions du cloître de Saint-Trophime[1]. Et pourtant elles nous apportent un témoignage d'une grande valeur et permettent de déterminer avec une approximation très suffisante l'âge de ce cloître, ou du moins de la plus ancienne de ses galeries.

Il est un point, en effet, sur lequel tout le monde est d'accord c'est que les quatre galeries ne sont pas de la même date ; celles du Nord et de l'Est avec leurs voûtes en berceau sont incontestablement plus anciennes que celle de l'Ouest dont les voûtes à croisées d'ogives indiquent le xiiie siècle. Quant à la galerie méridionale elle n'est pas

1. Revoil dans sa description de Saint-Trophime en a cité une partie (*Archit. romane du Midi de la France*, t. II, passim), mais sans y chercher le moindre argument quant à la date de la construction. Vöge (*op. cit.*, p. 131) les mentionne sommairement, mais il attribue la plus ancienne à 1155 (au lieu de 1165) et suppose bien arbitrairement que le cloître peut être plus vieux qu'elle d'au moins un quart de siècle (*ibid.*, p. 132).

2. M. Marignan prétend qu'elles « ne sauraient fournir aucune indication sûre ; car elles ont été placées plus tard avec soin... » (*L'École de sculpt. en Prov.*, p. 6.) ; mais, comme elles n'ont jamais été déplacées plus tard, elles nous font connaître l'âge minimum de la construction où on les trouve.

antérieure à la fin du XIVe siècle. Elle aurait été commencée en 1389 par l'archevêque François de Conzié et terminée par son successeur, Jean de Rochechouart[1].

FIG. 9. — Cloître d'Arles. Galerie Nord.

Les deux galeries Nord et Est sont donc les seules que l'on puisse attribuer au XIIe siècle. Celle du Nord est incontestablement la plus ancienne des deux, car le profil de ses arcades, toutes en plein cintre, est carré, sans aucune moulure, tandis que, du côté

1. Jacquemin, *Guide du voyageur dans Arles*, p. 375.

de l'Est, les arcades ont leur arête, sur la face intérieure de la galerie ornée d'un groupe de moulures qui dénote une époque plus tardive[1].

Les inscriptions confirment pleinement les données fournies par l'examen de la construction.

Il y en a quatre qui sont datées dans la galerie du Nord; elles vont de 1165 (fig. 10) à 1203.

Celles de la galerie de l'Est sont comprises entre 1181 (fig. 11) et 1239.

Il n'y en a qu'une dans la galerie Ouest, elle est de 1221.

On n'en trouve pas dans la galerie du Sud.

Ces inscriptions sont toutes de courtes épitaphes, relatant la mort

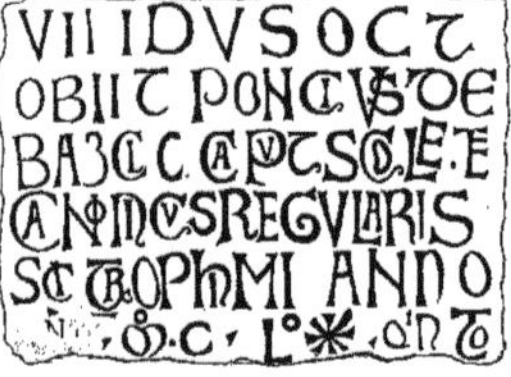

Fig. 10. — Épitaphe de Pons de Basclo, † 1165.

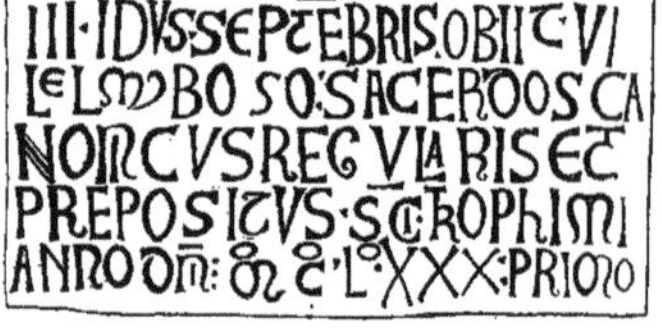

Fig. 11. — Épitaphe du chanoine Boson, † 1181.

de divers chanoines; ce ne sont pas, comme on l'a prétendu, des monuments commémoratifs, car les personnages dont elles nous ont conservé le nom n'étaient point d'assez haut rang dans la hiérarchie ecclésiastique pour qu'on ait pu songer, plus ou moins longtemps après leur décès, à leur consacrer des inscriptions de ce genre. Elles n'ont d'ailleurs à aucun degré le caractère commémoratif, car on n'y trouve aucune mention des faits qui auraient justifié pareil honneur, on n'y lit même pas ces louanges banales, dont les gens du moyen âge

1. M. Marignan prétend déterminer par quel pilier la construction a commencé. Ce serait celui de l'angle Nord-Ouest. Mais ceci est excessif. L'intervalle qui a pu exister entre l'édification de chaque pilier est évidemment trop minime pour qu'on puisse raisonnablement établir entre eux un ordre de priorité. D'ailleurs le pilier qui fait pendant au premier, à l'extrémité Nord-Est du cloître, est orné d'un saint Paul que M. Marignan attribue au même sculpteur que le saint Pierre du pilier Nord-Ouest. Si ces deux bas-reliefs se ressemblent tellement qu'on peut affirmer qu'ils sont de la même main, je ne vois pas à quoi on peut reconnaître que l'un est antérieur à l'autre.

étaient si prodigues. Ce sont de simples obits, et le peu de notoriété des personnages qui y sont nommés nous garantit que ces épitaphes n'ont pas été restituées après coup, et qu'elles n'ont jamais dû changer de place depuis le jour où on les a gravées.

J'en conclus que le mur Nord du cloître de Saint-Trophime était déjà bâti en 1165; que celui de l'Est est antérieur à 1181, et celui de l'Ouest à 1221.

Je ne parle ici que des murs extérieurs du cloître, car c'est là que se trouvent toutes les inscriptions que je viens de citer, et je suis porté à croire que l'on a clos les quatre côtés du cloître avant de s'occuper à en élever et décorer les arcades. Le fait est manifeste pour la galerie Ouest, car on trouve dans le mur qui la forme une porte de style roman qui a pu être percée dans la seconde moitié du XIIe siècle, tandis que les arcades et les voûtes ne sont sûrement pas antérieures au XIIIe. Il est bien probable qu'il en a été de même dans la galerie Nord, car, pour porter les doubleaux qui en soutiennent la voûte, on a dû loger dans le mur de gros corbeaux, ce qui indique bien qu'on n'avait pas prévu de doubleaux lors de la construction de ce mur. Du côté des arcades au contraire, il n'a pas été nécessaire de relancer des corbeaux après coup, car le constructeur prévoyant les doubleaux a élevé de distance en distance des pilastres qui en reçoivent les retombées.

Il est donc hors de doute que le mur Nord du cloître est antérieur à 1165. Les sculptures qui en ornent les arcades peuvent être sensiblement postérieures. Il y a toutefois une limite au-dessous de laquelle on ne saurait descendre, car il y a encore deux inscriptions du XIIe siècle, qui se lisent, non plus dans les murs extérieurs du cloître, mais au milieu des arcades du côté Nord, et qui ont sûrement été gravées après l'édification de ces arcades. L'une d'elles est une épitaphe datée de 1188 qu'on lit sur le pilier de l'angle Nord-Ouest du cloître, au-dessous de la figure de saint Trophime[1] (fig. 12).

1. Voir ci-après pl. XI.

Elle n'a pas échappé à la clairvoyance de M. Vöge[1]; mais il ne s'y est pas arrêté, car elle n'avait aucun intérêt pour lui qui faisait remonter le cloître de Saint-Trophime à la première moitié du XIIe siècle. Il en était autrement pour M. Marignan; aussi n'a-t-il eu garde de négliger un pareil témoignage, et voici ce qu'il dit de cette épitaphe: « C'est une inscription importante et bien digne d'intérêt. Elle est ainsi conçue :

II · KALENDAS · OCTOBRIS · OBIIT · IOR
DANVS · DECANVS · SANCTI · TROPHIMI ·
ANNO · DOMINI · M · C · LXXX · VIII ·

Après un examen sérieux on peut se rendre compte que le pilier n'a reçu aucune restauration importante, et qu'en tout cas, *cette dalle n'a pas été placée à une époque ultérieure*[2]. »

Voilà un point capital à retenir et dont j'ai eu soin de vérifier sur place l'exactitude.

Il est parfaitement certain que ce n'est pas une vieille pierre utilisée par les maçons avec d'autres matériaux. M. Marignan avoue

FIG. 12. — Épitaphe de Jourdain, doyen de Saint-Trophime.

avoir eu cette idée, mais il a dû y renoncer devant des constatations matérielles qui lui en ont montré l'invraisemblance. Ce n'est pas une inscription de provenance inconnue encastrée après coup sous la figure de saint Trophime, car elle est gravée non sur une dalle,

1. Estrangin aussi l'a remarquée, mais il l'a mal lue, et a cru qu'elle était de 1388 au lieu de 1188 (*op. cit.*, p. 120).
2. *L'école de sculpture en Provence*, p. 16.

mais sur un gros parpaing ayant même section que le pilier, de telle sorte qu'on n'a pu l'introduire après la construction. C'est donc sûrement une inscription gravée postérieurement à l'édification de cette partie du cloître. M. Marignan n'a pu le méconnaître, et pour concilier sa date avec celle qu'il assigne au monument, il a dû supposer que cette inscription, au lieu d'être une épitaphe, « indique peut-être la commémoration d'un legs laissé par Jordanus pour la construction du cloître[1] ». Et M. Marignan s'imagine qu'en construisant le cloître quelque trente ou quarante ans après le décès de cet obscur bienfaiteur, on aurait été *commémorer* ses largesses, sous cette forme, sans indiquer par un mot qu'il avait donné ou légué quelque chose à l'église. Mais il suffit d'ouvrir un recueil épigraphique quelconque, celui d'Allmer et de Terrebasse, celui de Castellane, pour juger de la valeur de cette invraisemblable hypothèse.

Pour moi aucun doute n'est possible. Cette inscription marque le lieu de la sépulture du doyen Jourdain, elle a été gravée à l'époque de sa mort, et comme, de l'aveu même de M. Marignan, elle n'a pu être glissée après coup à la place qu'elle occupe, elle nous fournit une preuve certaine que ce pilier a été élevé avant 1188.

Si donc la construction des arcades du côté Nord peut être postérieure à 1165, elle est sûrement antérieure à 1188.

Et cette date est confirmée par une seconde inscription, dont le millésime manque malheureusement, et dont la plus grande partie est effacée[2], mais dont les caractères indiquent indubitablement le XIIe siècle. Or cette dernière, étant gravée sur le rebord même du socle d'une des statues, ne peut être que postérieure à ce socle[3], et par suite la sculpture sous laquelle elle se trouve est certainement du XIIe siècle.

Les caractères du monument, le style des figures, les particula-

1. *Ibid.*, p. 17.

2. Elle commence par ces mots ✠ IѶ IDVS SEPTЄBRIS..... est placée au bas du 3e pilier du cloître sous la figure où l'on a cru reconnaître l'apôtre saint Jacques.

3. Elle est à cheval sur deux pierres, dont le joint tombe, après le mot IDVS, c'est la preuve évidente qu'elle est postérieure à la construction.

rités iconographiques peuvent-elles s'accorder avec cette date ? Je réponds oui, sans hésiter.

La voûte en berceau qui recouvre la galerie Nord s'accorde mieux, à coup sûr, avec la période comprise entre 1165 et 1188 qu'avec le XIIIe siècle ; et la maladresse même avec laquelle la voûte est construite, le tracé des doubleaux qui ne sont pas posés normalement à la voûte qu'ils portent[1], la combinaison bâtarde que l'architecte a imaginée à l'angle des galeries Nord et Ouest[2], sont autant d'arguments bien difficiles à concilier avec une date postérieure à celle que donnent les inscriptions.

Tout cela paraît avoir échappé à M. Marignan ; en revanche il a relevé une série de détails qui empêcheraient d'après lui de placer ce cloître avant le premier quart du XIIIe siècle.

Ainsi il a signalé la finesse des moulures qui décorent les doubleaux de la voûte[3]. C'est effectivement un bon argument à opposer à M. Vöge et à ceux qui seraient tentés de vieillir le cloître autant que lui. Mais elles ne présentent rien d'anormal à la date que j'indique. D'ailleurs ces moulures ne se retrouvent pas aux arcades de la galerie Nord, celles précisément où se voient les sculptures qui nous occupent, et M. Marignan a lui-même reconnu que là, colonnes et arcatures « sont tout à fait romanes ».

Même observation en ce qui concerne les bases des colonnes « formées de deux tores avec une gorge profonde » et qui conviennent beaucoup mieux au XIIe siècle[4] qu'au XIIIe[5].

Les très intéressantes observations iconographiques accumulées

1. Voir ci-dessus les fig. 8 et 9.

2. N'oublions pas que la croisée d'ogives, si commode pour voûter un angle comme celui-ci, était connue en Provence avant l'an 1200, témoin la belle voûte d'ogives qu'on voit encore au porche de Saint-Victor de Marseille.

3. *L'école de sculpture*, p. 5. — Voir les dessins qu'en a donnés Revoil (*Archit. romane*, t. II, pl. 41, fig. A).

4. Le Midi a en effet adopté presque aussi vite que le Nord les bases à profil aplati dans lesquelles la gorge se réduit à très peu de chose.

5. Voir Revoil, t. II, pl. XLI, fig. B. — Les bases des colonnes du portail de Tarascon dont je parlerai plus loin sont déjà plus aplaties.

par M. Marignan et qui ont tant de force contre l'opinion certainement erronée de M. Vöge n'ont rien d'inconciliable avec ma thèse.

Ainsi tout ce que mon savant confrère dit de la décoration du pilier situé à l'angle Nord-Ouest[1], des trois grandes figures de saint Jean, saint Trophime et saint Pierre qui en garnissent les angles, ou des bas-reliefs intercalés entre ces figures et qui représentent l'un les Saintes femmes venant acheter les parfums qu'elles porteront au tombeau du Christ[2], l'autre la Résurrection, enfin ce qu'il dit des frises de feuillages qui complètent la décoration de ce pilier, s'accorde on ne peut mieux avec la date que je préconise.

Par contre je relève des détails sur lesquels M. Marignan a passé bien rapidement et qui pourtant ne conviennent pas au XIIIe siècle. Ainsi saint Trophime est figuré sans mitre, sans autre attribut que la chasuble et la crosse[3]. C'est une façon archaïque de représenter un évêque. Elle m'étonne un peu pour la seconde moitié du XIIe siècle, à plus forte raison pour le siècle suivant.

Le bas-relief de la Résurrection nous montre deux soldats dont la tunique ne descend pas plus bas que le genou. Celui de droite porte, par-dessus, un haubert un peu plus court que la tunique, et muni d'un capuchon relevé sous un casque en forme de calotte hémisphérique. L'autre soldat semble porter un costume analogue, mais sans capuchon, et son casque semble plutôt imité de quelque modèle antique que d'un des types en usage sous Philippe-Auguste ou sous saint Louis. Ce costume diffère sensiblement, à coup sûr, de celui qu'on portait dans la première moitié du XIIe siècle; mais il est beaucoup plus admissible dans le dernier quart du même siècle, surtout si on remarque que les deux soldats ont les jambes nues, qu'ils

1. Voir ci-après planche XI.

2. La table derrière laquelle se tiennent les deux hommes dans lesquels M. Marignan veut voir les marchands qui vendent les parfums aux trois Maries est portée sur trois colonnettes très mutilées, mais qui rappellent le type des chapiteaux à crochets du Nord. Il est bien sûr que cela ne se trouverait ni en 1135, ni en 1150; mais vers 1180, c'est différent.

3. La crosse est très mutilée, mais elle peut se restituer sûrement; c'est ce qu'a fait Revoil, dans son dessin (*Arch. rom.*, t. II, pl. XLV).

portent la lourde épée en usage pendant tout le XIIe siècle et que les particularités un peu insolites de leur accoutrement tiennent sans doute à ce que le sculpteur n'a pas voulu représenter des chevaliers, mais des soldats romains, ce que, dès le XIIe siècle, on faisait suivant un type traditionnel dérivant de l'antique. Le reste de la scène d'ailleurs est encore d'allure toute romane. Cela est vrai surtout des trois anges qui, à la partie supérieure du bas-relief, gardent le tombeau.

M. Marignan termine la description de cette sculpture par ces mots:

« On ne saurait trop insister sur l'iconographie de cette scène, sur la mimique des anges, sur la pose des soldats. Les gestes des personnages sont justes, précis, le dessin est simple, tel que la fin du XIIe siècle l'a connu[1] ».

Nous voici bien près de nous entendre, et je ne puis qu'applaudir à cette conclusion qui s'accorde si bien avec ma thèse, surtout si l'on veut bien observer la forme très archaïque de la croix qui surmonte le tombeau du Christ, et les deux mots

SEPVLCRVM DÑI

gravés sur son couvercle, en belles capitales romanes, sans aucune de ces formes de lettres qui font présager l'adoption de l'alphabet gothique.

La figure suivante sur ce même pilier, celle de saint Pierre, est fort remarquable. Son auteur s'est visiblement inspiré de modèles antiques. La tête avec ses joues pleines, son regard expressif, et surtout sa bouche entr'ouverte, fait penser à quelque bas-relief gallo-romain. On pourrait à première vue être embarrassé pour la dater, car le XIIIe siècle a parfois fait de ces imitations qui étonnent. Mais un détail important ne permet aucune hésitation. L'apôtre n'est pas nu-pieds, il porte des sandales dont on voit les cordelettes croisées sur le cou-de-pied. Or aucun archéologue n'ignore que c'est là une

1. *La sculpture en Provence*, p. 9, 10.

vieille tradition iconographique, qui s'est perdue précisément dans la seconde moitié du XIIe siècle[1].

Le second pilier du cloître nous offre-t-il des arguments plus positifs? On y voit trois personnages (fig. 13), dont la signification est incertaine. M. Marignan paraît tenté de reconnaître dans celui du milieu le Christ, mais il n'a pas de nimbe, et on ne s'explique guère pourquoi il porterait le bâton et la besace du pèlerin. M. Vöge y a vu le Christ et les disciples d'Emmaüs; d'autres ont cru que c'était l'apôtre saint Jacques entouré de deux pèlerins. Peu importe, car c'est l'âge plutôt que la signification de ces sculptures qui nous intéresse en ce moment. Or je n'y vois rien qui indique le XIIIe siècle. M. Marignan signale les aumônières qui pendent aux côtés des trois personnages, mais elles ont la forme carrée en usage de vieille date ; il y en a du même type sur le tympan de la cathédrale d'Autun. M. Marignan attribue également au XIIIe siècle les coiffures des deux pèlerins.

FIG. 13. — Second pilier de la galerie Nord du cloître d'Arles.

Rien ne l'y autorise, car l'un d'eux porte le bonnet en forme de mitre que les artistes romans donnent habituellement aux rois mages, et dont

1. M. Marignan en a fait l'aveu lui-même (p. 7), car pour justifier l'attribution au XIIIe siècle du saint Jean figuré sur le premier pilier, il fait valoir qu'il a les pieds nus « tandis que sur

les exemples sont bien rares au XIIIe siècle. Quant à l'autre, il porte cette calotte à côtes que les artistes du XIIe siècle donnent habituellement à l'époux de la Vierge et que l'on voit sur une des statues du Portail royal de Chartres, sur le saint Joseph du tympan de la Nativité à la Charité-sur-Loire, sur la tête du saint Bénigne qui ornait jadis le trumeau de l'église consacrée en son honneur à Dijon. Or aucun de ces exemples n'est postérieur au troisième quart du XIIe siècle[1].

Le troisième pilier est orné de trois figures, celle du Christ, montrant à saint Thomas la plaie de son côté, et en pendant de l'apôtre incrédule, saint Jacques qui tient un livre sur lequel est gravé son nom. Rien de bien remarquable dans ces trois statues qui sont l'œuvre d'un artiste de second ordre. M. Marignan cependant y découvre « un art très savant, » une œuvre que l'on « croirait de la fin du XIIIe siècle! » [2], cela parce que le sculpteur a représenté à nu la poitrine du Seigneur[3], qu'il a accusé les veines des mains et soigné l'anatomie du cou et de la poitrine. Mais n'est-il donc jamais arrivé aux sculpteurs du XIIe siècle de marquer les veines et de soigner l'anatomie des parties nues? Les beaux tympans de Vézelay et de Moissac ne présentent-ils pas ce caractère l'un et l'autre?

Enfin le dernier pilier de la galerie Nord est décoré de trois

les monuments du XIIe siècle les personnages ont les pieds revêtus de sandales ». L'observation est juste, mais un peu trop absolue; il y a, en effet, trop d'exemples d'apôtres figurés nu-pieds au XIIe siècle, pour qu'on puisse s'autoriser de ce caractère pour faire descendre le saint Jean jusqu'au XIIIe.

1. M. Marignan (p. 11) estime « qu'ils ne peuvent remonter qu'aux dernières années du XIIe siècle ». Cela suffirait à ma démonstration. Mais on a vu plus haut que les sculptures de Chartres et de la Charité sont sans doute antérieures à 1175. Quant à la figure de saint Bénigne elle pourrait être encore plus ancienne. (Voir l'excellente reproduction qui en a été donnée par la Commission des Antiquités de la Côte-d'Or, dans le Catalogue de son musée, Dijon, 1894, pl. XVII).

2. *L'école de sculpture*, p. 12.

3. L'imagination de M. Marignan l'entraîne ici au delà de la réalité. Qu'on en juge : « Le Christ, dit-il, montre avec ostentation sa profonde blessure. M. Vöge aurait dû étudier avec soin le tracé de cette blessure. Il aurait vu la profondeur du ciseau de l'artiste, sa manière de faire la plaie. Il a marqué même les déchirures de la chair. Il est impossible que l'œuvre que nous avons sous les yeux soit du XIIe siècle. » Or cette description est inexacte. La blessure n'a rien de particulier, c'est un simple trait de peu de profondeur. Ce que M. Marignan a pris pour « les déchirures de la chair », ce sont trois minces filets de sang qui coulent de la plaie. Qu'y a-t-il là d'inconciliable avec le XIIe siècle?

grandes figures : saint Paul, saint Étienne, et un apôtre que l'on croit saint Mathieu. Elles sont séparées par deux bas-reliefs représentant l'Ascension du Seigneur (fig. 14) et la lapidation de saint Étienne (fig. 15). Soutiendra-t-on que ces saints sont de ceux que le XIIe siècle

FIG. 14. — Pilier de l'angle N.-E. du cloître d'Arles : face Nord.

ne connaissait pas ? Or la figure de saint Paul est sans doute de la même main que le saint Pierre dont j'ai parlé plus haut ; elle présente la même particularité. L'apôtre porte des sandales, dont on voit nettement les cordons ; c'est donc sans doute, malgré sa belle exécution, une figure du XIIe siècle (fig. 14).

Le saint Étienne est plus insignifiant. M. Marignan le croit de la même main que le saint Trophime du premier pilier ; je n'en suis pas certain, car je lui trouve une ressemblance beaucoup plus accentuée avec les statuettes qui ornent certains sarcophages chrétiens

FIG. 15. — Pilier de l'angle N.-E. du cloître d'Arles : face Est.

d'Arles. C'est surtout frappant dans la tête et dans la manière dont sont groupées les boucles de la chevelure. En tout cas son nom gravé sur le livre qu'il porte à la main n'offre aucun des caractères épigraphiques de mode au début du XIIIe siècle.

Le saint Mathieu, qui suit, est une figure assez médiocre qui ne fournit d'argument dans aucun sens. Mais il n'en est pas de même des deux bas-reliefs intercalés entre ces trois statues.

Celui qui représente l'Ascension (fig. 14) n'a encore rien de gothique, ni dans la composition générale qui nous montre le Christ s'élevant au ciel dans une auréole festonnée, ni dans le costume des personnages, ni dans leur attitude qui est gauche, ni dans le faire de la sculpture.

Le second, où l'on voit le martyre de saint Étienne (fig. 15), est à certains égards plus archaïque encore[1]. Il est remarquable par les très curieuses réminiscences de l'art gallo-romain qu'on y remarque ; et la longueur exagérée que l'artiste a donnée aux trois principales figures est encore une preuve que toute cette sculpture est bien du XIIe siècle et non du XIIIe.

Je m'arrête dans cette longue analyse, et ne veux point fatiguer mes lecteurs en passant en revue tous les chapiteaux historiés qui surmontent les colonnes de la galerie Nord du cloître, et dans lesquels je pourrais trouver nombre d'arguments. J'en ai assez dit pour prouver que M. Marignan a eu mille fois raison de vouloir réagir contre l'opinion qui prêtait à ces sculptures une antiquité exagérée, mais qu'il a forcé la note en voulant les ramener au XIIIe siècle. C'est, comme les inscriptions le prouvent, une œuvre du XIIe siècle, mais non de la première moitié, et, s'il m'est permis de citer encore une des inscriptions qui se lisent dans les parois du cloître de Saint-Trophime, je crois que nous y trouvons le nom d'un des hommes qui présidèrent à ce travail. J'en donne ici une reproduction fidèle (fig. 16).

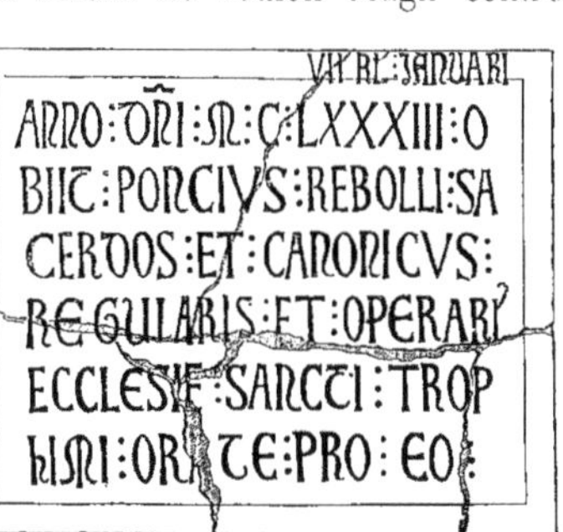

FIG. 16. — Épitaphe du chanoine Pons Rebolli.

1. Les chaussures des deux bourreaux notamment ont une forme très commune au XIIe siècle.

Si on rapproche cette épitaphe de toutes les considérations qui précèdent, si on remarque qu'elle présente les mêmes caractères paléographiques que les trop courtes mais nombreuses inscriptions éparses au milieu des figures du cloître, on sera convaincu que ce Pons Rebolli, mort en 1183, fit commencer et sans doute achever la décoration de la galerie Nord[1].

Quoi qu'il en soit de cette hypothèse, un fait me paraît bien établi, c'est que les sculptures du cloître de Saint-Trophime d'Arles datent de 1180 environ[2]. Elles ne sont donc pas antérieures à celles du portail occidental de la cathédrale de Chartres.

En est-il de même du portail de Saint-Trophime? C'est ce que je vais examiner.

1. Pons ne paraît pas avoir gardé longtemps le titre d'*operarius*, car il ne le porte pas dans divers diplômes de 1154-1181 où il figure (Vöge, *op. cit.*, p. 49, note 1).

2. La galerie de l'Est est certainement postérieure, mais pas de beaucoup, à la première. Je ne m'en occuperai pas ici, car les bas-reliefs y sont bien moins nombreux et d'une moins bonne exécution.

CHAPITRE IV

LE PORTAIL DE SAINT-TROPHIME D'ARLES

J'ai rappelé plus haut les opinions contradictoires qu'on a émises sur l'âge de ce fameux portail[1]. Il en est heureusement une partie que je puis me dispenser de réfuter, car personne, après avoir lu les observations de M. Marignan, ne pourra soutenir encore que ce portail appartienne à la première moitié du XIIe siècle.

Mais doit-on le placer, avec lui, en plein XIIIe siècle, le croire postérieur à 1217, peut-être même à 1230? Ce sont là des conclusions qui s'éloignent trop de l'opinion commune pour qu'il ne soit pas nécessaire de peser avec soin les raisons sur lesquelles elles s'appuient.

La principale est que le portail paraît plus jeune que la galerie septentrionale du cloître, or M. Marignan, ayant attribué celle-ci au premier quart du XIIIe siècle, s'est trouvé entraîné à proposer pour le portail la date de 1230. Mais c'est une hypothèse arbitraire, car je crois avoir démontré que les sculptures du cloître ont été exécutées vers 1180, et si le portail est plus jeune qu'elles, ce que j'admets volontiers, rien n'autorise à supposer qu'un demi-siècle se soit écoulé entre l'exécution de deux groupes de sculptures ayant un air de famille aussi marqué.

1. Le portail de Saint-Trophime est trop connu, et a été trop de fois dessiné pour que j'aie cru nécessaire d'en donner une vue d'ensemble. Je me contenterai de renvoyer, pour les détails qui ne se voient pas sur mes planches, à celles que Revoil a publiées dans le tome II de son *Architecture romane*.

Peut-on affirmer que le portail n'était pas encore bâti en 1217 ? M. Marignan s'y est risqué[1], mais un peu timidement, et il a bien fait de ne pas trop insister sur cette assertion, car elle repose sur une mauvaise interprétation d'une inscription recueillie par Saxius[2].

M. Marignan a vu plus juste en soupçonnant le portail d'être plus jeune que le mur de façade auquel il est adossé[3] ; mais il a mal regardé ce mur, car il se figure qu'il n'appartient qu'à la seconde moitié du XIIe siècle[4], et en prend texte pour ramener au XIIIe l'adjonction du portail.

Or le gros œuvre de l'église de Saint-Trophime est bien plus ancien. On lit en effet, dans le bas côté Nord, à l'intérieur de l'église, une grande inscription dont les caractères sont ceux du XIe siècle[5], et qui ne peut à coup sûr être plus jeune que le début du XIIe ; or le mur sur lequel elle est gravée est en grand appareil, tandis que celui auquel le portail est appliqué est en petit appareil d'apparence

1. *L'école de sculpt. en Provence*, p. 19, note.

2. Cette inscription est de 1217. On y lit ces mots : « Quod si divina dispositione in his partibus decessero, preceptor qui tunc erit in ecclesia Sancti Trophimi faciat collocari et sepeliri honorifice corpus meum *infra ecclesiam* Sancti Trophimi *ante altare Beate Marie*, in pariete qui est *ex parte occidentis*, subtus fenestram in qua est cleda ferrea loco vitreo ». (Saxius, *Pontif. Arelat.*, p. 256). M. Marignan suppose qu'il s'agit ici du mur de façade de l'église, et de la fenêtre qu'on y voit encore. On y aurait adossé un autel à la Vierge. Cela prouverait qu'il n'y avait pas alors d'entrée de ce côté de la nef et que, par conséquent, le portail n'existait pas. Mais l'hypothèse me paraît inadmissible. Les mots *infra ecclesiam* indiquent que cette sépulture était placée sous l'église, c'est-à-dire dans la crypte dont Revoil a retrouvé les restes lors des fouilles qu'il exécuta en 1870 (*Archit. rom.*, t. II, p. 34 et 35). Le mur placé *ex parte occidentis* était le mur antérieur de cette crypte et la fenêtre, fermée par une *cleda ferrea*, était percée dans ce mur entre le sol de la nef et celui du chœur. On sait que les baies de ce genre n'étaient jamais vitrées, tandis qu'on comprendrait difficilement qu'une grande fenêtre comme celle de la façade ne le fût pas.

3. En effet le portail n'est pas tout à fait dans l'axe de l'église. Il empiète quelque peu sur les deux collatéraux et cache le pied des contreforts qui séparent ceux-ci de la nef. Il forme une saillie rectangulaire surmontée d'un fronton dont l'angle est très obtus comme dans les monuments antiques.

4. *L'école de sculpt. en Provence*, p. 18.

5. Cette inscription qui commence par les mots TERRARVM ROMA GEMINA DE LVCE MAGISTRA, etc., a été maintes fois publiée. Rebattu (*In tres versus pervetustos... qui Arelate... sculpti sunt commentatiuncula*, Aix, 1644) l'attribuait au VIIe siècle, ainsi que Seguin (*Les Antiquités d'Arles*, p. 18). Revoil l'a crue du Xe siècle (*Arch. rom.*, t. II, p. [illegible]) ; Millin (*Voyage*, t. III, p. 597) et Castellane (*Mém. de la Soc. archéol. du Midi de la France*, t. III, p. 223), du Xe ou du XIe ; Jacquemin (*Guide du voyageur dans Arles*, p. 366), du XIe siècle. Personne ne l'a attribuée à une date moins reculée.

assez archaïque, et très certainement de date plus ancienne que l'autre. De l'examen du mur de façade on ne saurait donc déduire que le portail ne puisse être plus vieux que le XIIIe siècle.

L'examen attentif des sculptures[1] fournit-il des arguments meilleurs ?

Viollet-le-Duc en a apprécié le caractère en ces termes : « Comme structure, comme profil et ornementation, cette porte est toute romaine, grecque-syriaque ; comme statuaire, elle est gallo-romaine avec une influence byzantine prononcée[2]. »

Je ne suis guère de son avis quant à l'influence grecque-syrienne qu'il y découvre ; mais je ne m'attarderai pas à discuter ce détail, car l'étrange doctrine du maître relativement à l'influence que les édifices de la Syrie centrale ont pu avoir sur notre architecture a été si vigoureusement battue en brèche qu'elle ne compte plus guère de partisans autorisés.

Je retiens au contraire ce qu'il dit des rapports manifestes qu'on relève entre cette sculpture et celle des gallo-romains, car j'ai signalé plus haut semblable particularité dans plusieurs figures du cloître, et j'en conclus que cloître et portail ont dû être sculptés à peu d'années d'intervalle.

Peut-on tirer quelque argument plus précis du faire de la scul-

1. Cet examen est facilité par cette circonstance heureuse que l'église Saint-Trophime et ses dépendances n'a pas été victime des restaurations malencontreuses qui ont rendu si difficile aujourd'hui l'étude de beaucoup de monuments. La Commission des Monuments historiques en possède des photographies prises vers 1850. Elles nous montrent le monument tel qu'il est aujourd'hui ; et si on les compare au dessin donné par Millin en 1807 (*Voyage dans les dép. du Midi*, pl. LXX), on peut se convaincre que les sculptures étaient, au lendemain de la Révolution, dans l'état où nous les voyons encore. Je me suis assuré, en compulsant les archives très bien tenues de la Commission des Monuments historiques, qu'aucune des figures de la façade n'a été touchée depuis 1835. Des travaux importants ont été exécutés à Saint-Trophime, depuis cette époque, sous la direction de Revoil ; ils ont surtout porté sur le gros œuvre de la nef, en particulier sur les piliers qui ont été repris par le bas, et sur le carré du transept. Quant à la façade, la seule partie qui ait nécessité des restaurations sérieuses est le couronnement du pignon, qui a été refait à neuf, ainsi que le rampant du collatéral Sud.

Les reprises faites dans le cloître ont été plus considérables encore, mais elles n'ont porté sur aucune des figures dont j'ai parlé dans cette étude. Nous pouvons donc raisonner sur toutes ces sculptures, sans crainte d'être induits en erreur par quelque pastiche moderne.

2. *Dictionn. d'archit.*, t. VII, p. 417.

pture? J'en doute. M. Marignan y voit un art vieillot, un art de décadence[1], et en conclut que cela ne peut appartenir qu'au XIIIe siècle. Ce sont là des appréciations esthétiques bien sujettes à caution. La preuve, c'est que d'autres archéologues, juges non moins compétents au point de vue artistique, voient dans ces sculptures « une œuvre magistrale », « un poème saisissant formant un ensemble des plus harmonieux[2]. » Si ce dernier jugement est fondé comme je le crois, peut-on soutenir qu'il s'agit d'une œuvre de décadence, et ne serait-il pas plus raisonnable de supposer que les imperfections du dessin, la gaucherie de certaines figures, le manque de relief d'une partie de la composition tiennent à l'inexpérience d'artistes élevés à une école qui n'était point encore parvenue à son plein développement. Qu'on tire de là argument pour attribuer ces sculptures à une période d'enfantement, comme le XIIe siècle, cela se conçoit ; mais prétendre en conclure qu'elles n'ont pu être faites qu'au XIIIe siècle, c'est purement arbitraire.

Le galbe général du portail indique également le XIIe siècle plutôt que le XIIIe, car le fronton en est très ouvert, et nous voyons par le portail de l'église du Thor[3] que, dès la fin du XIIe siècle ou le début du XIIIe, on s'était mis, dans le Midi comme dans le Nord, à relever très sensiblement les deux rampants des pignons.

Il est vrai, par contre, que le tympan, au lieu d'être en plein cintre, forme un arc très légèrement brisé[4]. Mais il faut mal connaître l'architecture du XIIe siècle pour croire que l'on doive forcément conclure de ce caractère à une date ultérieure, car Quicherat a montré il y a bien longtemps que, dès l'époque romane, on a appliqué la forme brisée à tous les arcs sauf ceux des fenêtres[5], et si les travaux faits depuis lui ont obligé à rajeunir quelque peu

1. Il me semble avoir pris cette idée à Viollet-le-Duc (*Dict.*, t. VII, p. 419).

2. Revoil, *Archit. rom. du Midi de la France*, t. II, p. 38.

3. Revoil, *Archit. rom.*, t. I, pl. LVII.

4. Voir ci-après pl. XII. Cette brisure est si peu caractérisée qu'elle tient peut-être seulement à un petit vice de construction.

5. Quicherat, *Mélanges d'archéologie*, recueillis par R. de Lasteyrie, p. 74 et suiv.

certains des exemples qu'il a mis en avant, on ne peut contester que l'arc brisé, commun dans le Nord dès avant 1150, peut se rencontrer dans tout le Midi, dès le milieu du XIIe siècle[1].

On peut donc opposer cette particularité à ceux qui voudraient, comme M. Vöge, repousser ce portail jusqu'au commencement du XIIe siècle ; elle peut se concilier au contraire avec toute date postérieure à 1150.

Passons à l'étude iconographique des figures qui couvrent le portail de Saint-Trophime.

J'en rappelle en deux mots la disposition[2]. La porte est formée d'une grande baie divisée en deux par un trumeau et surmontée d'un tympan encadré d'une profonde voussure et d'une archivolte richement moulurée. Les piédroits de la voussure sont couverts de bas-reliefs qui se continuent sur toute la partie antérieure de la façade et sur les deux petits côtés qui forment retour d'équerre.

Dans le tympan est assis un Dieu de majesté entouré d'une auréole et flanqué des symboles des quatre évangélistes ; au-dessous, sur le linteau, les douze apôtres assis. C'est la même donnée iconographique qu'à la porte centrale de la façade de Chartres.

Le tableau de la voussure qui encadre le tympan est couvert de figurines d'anges en buste, disposées côte à côte sur deux rangs, jusqu'au sommet où l'artiste a figuré les trois anges du Jugement dernier sonnant de la trompette. La suite de la scène se déroule sur un large bandeau qui forme comme un prolongement du linteau. On y voit à gauche les élus, hommes et femmes, se suivant en une longue procession et venant aboutir, sur le retour d'angle formé par le piédroit de la voussure, à une figure d'ange qui dépose leurs âmes

1. Nombre d'églises provençales du XIIe siècle ont leurs voûtes en berceau brisé (voir par exemple Saint-Quinin de Vaison). Le tympan du fameux portail de Moissac forme un arc très nettement brisé. Le tombeau de Constantin de Jaunac à Saint-Étienne de Périgueux est surmonté d'un arc très aigu, or une inscription en donne la date, il est de 1169 (*Album du Musée du Trocad.*, pl. 32). Je n'ose citer encore la porte de l'ancienne cathédrale de Maguelonne dont le tympan présente le même caractère (voir ci-après fig. 20, p. 77). Il est daté de 1178, mais il n'est pas certain que le tympan soit de la même date que l'inscription.

2. Voir ci-après, planche XII.

dans le sein d'Abraham, d'Isaac et de Jacob [1]. En pendant, à droite, on voit un ange écartant de l'entrée du paradis les damnés qui s'y présentent pendant que d'autres sont entraînés par les démons dans les flammes de l'enfer [2].

Un bandeau plus étroit court au-dessous de cette frise, de part et d'autre de la porte ; il est couvert de sculptures naïves représentant à droite l'adoration des mages ; l'ange venant prévenir les mages pendant leur sommeil ; enfin les bergers et leurs troupeaux ; du côté gauche on a représenté les mages devant Hérode et le massacre des Innocents.

Enfin la décoration du portail est complétée par une suite de grandes figures en pied séparées par des rinceaux. Des inscriptions permettent de les reconnaître aisément ; ce sont, en partant du centre : à gauche, saint Pierre [3], avec les clefs ; saint Jean l'évangéliste [4], imberbe comme d'habitude ; saint Trophime [5], en costume épiscopal ; saint Jacques le Mineur [6] et saint Barthélemy [7] ; à droite : saint Paul [8], saint André [9], saint Jacques le Majeur et saint Philippe [10].

Par une anomalie qui attire l'attention la place disponible entre saint André et saint Jacques le Majeur, au lieu d'être occupée par

1. Voir ci-après, planches XIII et XIV.

2. Planches XIV et XV.

3. Il tient un livre sur lequel on lit ces mots : « Criminibus demtis, reserat Petrus astra redemtis. »

4. Il tient un livre où on lit : « Christi dilectus Johannes est ibi sectus. »

5. Sur le pan vertical de son pallium sont gravés ces deux vers :

> « Cernitur eximius vir Christi discipulorum
> De numero Trophimus hic septuaginta duorum. »

6. Son nom « Scs. Jacobus » est gravé sur la couverture du livre qu'il tient à la main.

7. Son nom « Scs. Bartolomeus » se lit sur les feuillets du livre qu'il tient ouvert.

8. Il tient un phylactère où on lit :

> « Lex Moisi celat quod Pauli sermo revelat
> Nunc data grana Sina per eum sunt facta farina. »

9. Les caractères gravés sur son livre sont devenus illisibles. Je ne puis que répéter l'identification reçue.

10. Tous deux portent un livre avec leur nom, mais rien ne permet de distinguer les deux saints Jacques l'un de l'autre.

une figure en pied, est prise par un bas-relief représentant le martyre de saint Etienne ; il semble qu'il aurait fallu là une grande figure faisant pendant au saint Trophime qui occupe à gauche la place correspondante ; ou bien qu'à la place de cette dernière, on devrait trouver un bas-relief faisant pendant au martyre de saint Etienne.

Tous les détails de ce portail sont si parfaitement symétriques[1] qu'on se demande si ce disparate ne tient pas à quelque modification du plan primitif. Mais, quoique cette hypothèse ait été énergiquement soutenue par un des hommes qui ont le mieux étudié les monuments d'Arles[2], je n'ai pu découvrir d'arguments assez convaincants pour m'y ranger, et je crois, jusqu'à plus ample informé, qu'aucun élément plus récent n'a été introduit dans la décoration primitive de la façade de Saint-Trophime.

« Cette décoration, dit M. Marignan, est aussi une date », et il en prend tous les éléments un à un pour démontrer qu'ils ne peuvent être antérieurs au XIIIe siècle, voire même au milieu de ce siècle.

Mais il y a là une exagération manifeste. Quand, par exemple, il prétend que les petits anges à mi-corps qui garnissent la voussure du tympan ne sont que du commencement du XIIIe siècle, peut-être même du milieu[3], il avance une proposition bien téméraire. Il la

1. La symétrie a été poussée si loin qu'on la retrouve jusque dans les détails accessoires. Ainsi trois colonnes soutiennent de part et d'autre la frise du Jugement dernier. Dans chaque groupe celle du milieu est ornée de feuillages roulés en rinceaux, tandis que les deux autres ont des chapiteaux du type corinthien. Même symétrie dans la décoration des supports de ces deux colonnes. Les deux premiers de chaque côté sont ornés d'une scène de l'ancien Testament (à gauche Samson et Dalila ; à droite Daniel entre les lions) ; ceux du milieu sont ornés d'un même masque de lion ; enfin les deux qui sont sur les côtés extérieurs du portail, sont décorés d'animaux. Il est rare que nos artistes du moyen âge s'astreignent à une pareille recherche.

2. M. Clair dans un mémoire sur l'*Iconographie du portail de Saint-Trophime*, publié dans le *Congrès archéologique d'Arles* tenu en 1876, p. 619, affirme que le saint Trophime et le groupe de saint Étienne ont été placés après coup. « La mise en place de ces deux statues est certainement postérieure à l'ornementation du portail, la preuve en est matérielle. Pour les appliquer au mur et les substituer à celles qu'il y avait antérieurement, il a fallu rompre la frise d'encadrement, les nouvelles venues étant d'une dimension un peu plus fortes que les anciennes. La brisure est tout-à-fait évidente. » — Je crains qu'il n'y ait ici une erreur de fait, et que M. Clair n'ait pris pour une « brisure » un simple joint qu'il était difficile d'éviter. (Voir mes pl. XIII et XV).

3. *L'école de sculpture en Provence*, p. 20.

motive sur ce qu'il ne connaît aucun exemple d'anges ainsi représentés aux voussures d'un portail du XIIe siècle. Mais les grands ensembles décoratifs comme celui-ci sont trop rares dans le Midi, à l'époque romane comme à l'époque gothique, pour que cet argument négatif ait grande valeur. Et si nous allons ailleurs chercher des points de comparaison, nous en trouvons qui sont bien certainement du XIIe siècle soit au portail de Conques, soit à Chartres, soit, si M. Marignan récuse ces exemples, dans de nombreux manuscrits qui s'échelonnent du IXe au XIIe siècle et dont j'ai cité plus haut quelques-uns des principaux[1].

Je ne vois pas davantage de bonne raison pour attribuer au XIIIe siècle les trois anges qui sonnent la trompette du Jugement dernier au sommet de la voussure. Leur attitude mouvementée est au contraire très conforme aux traditions romanes.

J'en dirai autant du tympan. Le Christ qui y figure est encore purement roman ; n'était la différence du travail, il rappellerait le Christ du tympan de Moissac, car il est assis comme lui, il est vêtu de même, son manteau est drapé de la même façon, tous deux ont la main droite levée pour bénir, tandis que la gauche tient le livre de vie. Enfin, tous deux portent la couronne ; détail qui mérite d'être signalé, car le souverain juge n'est pas couronné dans les jugements derniers de l'époque gothique[2].

Des figurines qui assistent au jugement, je ne vois rien à dire. La plupart sont médiocres, le maître de l'œuvre les a évidemment abandonnées au ciseau d'un de ses élèves. M. Marignan trouve « une indication très précise » dans le costume que portent les femmes mêlées à la procession des élus, parce que leur robe est collante, et accuse nettement les seins et la taille. Mais il est difficile d'admettre les conclusions qu'il en tire, car ces figures, de dimension trop restreinte pour qu'on y puisse relever aucun détail bien caractéristique,

1. Voyez ci-dessus p. 20, note 3.

2. Voir par exemple ceux de Chartres (portail septentrional), de Poitiers, d'Amiens, de Reims, de Bourges, de Bordeaux, etc. Cf. Mâle, *L'art religieux du XIIIe siècle*, p. 469.

semblent porter la robe assez collante qui fut de mode pendant toute la seconde moitié du XIIe siècle. Vers 1230 au contraire, à l'époque où M. Marignan voudrait nous ramener, la mode n'était plus aux vêtements très ajustés.

FIG. 17. — Statue de saint Trophime.

Le costume des soldats qui entourent le roi Hérode ou qui prennent part au massacre des Innocents conduit à la même conclusion, car ils portent le grand haubert tombant bas sur la jambe qui fut en usage pendant toute la seconde moitié du XIIe siècle.

Mais je ne veux pas continuer à suivre mon savant ami dans le détail de ses observations, car on pourrait conclure de mes réserves que mon opinion sur l'âge du portail de Saint-Trophime est très différente de la sienne. Or je crois, au contraire, qu'il a vu plus juste que la plupart de ses devanciers, et je n'hésite pas à dire que Viollet-le-Duc, Revoil, et tous ceux qui les ont suivis, ont trop vieilli ce monument.

Ce n'est pas vers 1150, ni à plus forte raison à une époque antérieure, mais seulement entre 1180 et 1190, que l'on a dû se mettre aux sculptures de la façade d'Arles.

J'en vois une première preuve dans cette figure de saint Trophime qui se dresse à gauche de la porte. Le saint porte le costume épiscopal; or la mitre qu'il a sur la tête n'est plus la mitre à deux cornes ou deux pointes que l'on trouve habituellement au XIIe siècle ; c'est la mitre triangulaire qui ne s'est guère introduite dans les évêchés du Midi qu'aux approches de l'an 1200 et qui n'est devenue d'un usage général que vers 1225.

M. Marignan n'a eu garde de négliger l'argument que ce détail apportait à sa thèse. Il n'est pas le premier d'ailleurs à s'en être servi : Jacquemin[1] l'avait déjà invoqué pour justifier la date très tardive qu'il donnait à la façade de Saint-Trophime. Il a fait remarquer avec raison qu'à se fier au témoignage des sceaux, le premier archevêque d'Arles qui aurait adopté cette forme de coiffure serait Hugues Béroald (1217-1232). Son prédécesseur Michel de Mouriès (1203-1217) avait encore la mitre à deux cornes, et lui-même la portait aussi au début de son pontificat, nous le voyons par un sceau appendu à un acte de 1222. Ce n'est qu'en 1225 qu'apparaît sur le sceau de l'archevêque Hugues l'autre forme de mitre, celle précisément que le sculpteur a donnée à saint Trophime[2].

Mais est-ce une raison suffisante pour rejeter jusqu'après 1225 le portail d'Arles ? Je ne le crois pas, d'abord parce que le témoignage des sceaux n'a pas une valeur telle qu'il doive l'emporter sur toute autre considération. Puis, en admettant même que les graveurs employés par les archevêques d'Arles aient scrupuleusement observé les variations de la mode à mesure que ces prélats y obéissaient, on ne peut en conclure que la mitre triangulaire fût inconnue en Provence avant 1225, car nous en trouvons plus d'un exemple à des dates bien antérieures : ainsi sur le sceau de Guy de Fos, qui devint archevêque d'Aix en 1188[3], sur le sceau de Raymond, évêque de Marseille à la fin du XIIe siècle[4], sur le sceau d'un abbé

1. Jacquemin, *Guide du voyageur dans Arles*, p. 341-342.

2. On trouvera la confirmation de ces assertions dans Blancard, *Iconogr. des sceaux conservés dans les Archives des Bouches-du-Rhône*, p. 123 et 124, et pl. LXIII, n°s 2, 3, 4 et 5.

3. Blancard, *Ibid.*, pl. LXVI, n° 3.

4. Blancard, *Ibid.*, pl. LXXII, n° 1.

de Franquevaux, en 1191[1], sur le sceau de Pierre, évêque de Sisteron, en 1168[2]. On la trouve encore sur le sceau de Lantelme, évêque de Valence en 1186[3], et il n'en manque pas d'exemples dans d'autres parties de la France[4].

On voit donc qu'on n'est pas suffisamment autorisé par la forme de cette mitre à abaisser jusqu'en 1225 la date du portail d'Arles; mais, par contre, elle permet d'affirmer que ce portail n'est ni de la première moitié, ni même du milieu du XIIe siècle.

Il ne peut être antérieur au dernier quart du XIIe siècle. Et pour l'attribuer à une époque avancée de cette période, on pouvait trouver un nouvel argument dans la figure d'Hérode recevant les trois rois mages. Je m'étonne que M. Marignan n'y ait pas insisté davantage, car il se borne à dire « que le roi Hérode est assis, comme les sceaux représentent nos rois de France, l'épée sur ses genoux[5] ».

Fig. 18. — Sceau de Pierre II, roi d'Aragon, 1204.

Or ceci est inexact, car aucun de nos rois de la troisième race ne s'est fait représenter sur un sceau, assis de la sorte, l'épée sur les genoux. Ce n'est donc pas du sceau d'un roi de France que le sculpteur a pu s'inspirer. Mais on pourrait soutenir qu'il a connu le type adopté par Pierre II, roi d'Aragon, le frère du comte de Provence; car, sur son sceau, ce prince est assis dans un fauteuil

1. Blancard, *Ibid.*, pl. XCII, n° 8.
2. Blancard, *Ibid.*, pl. LXXVIII, n° 7.
3. Blancard, pl. LXXXI, n° 5. — Sans doute aussi sur le sceau de Pierre, évêque de Die, en 1176, mais l'exemplaire cité par Blancard (pl. LXXXI, n° 4) est écorné.
4. Je ne citerai pas les mitres pointues portées par Hugues, évêque d'Auxerre en 1144 (Demay, *Le costume d'après les sceaux*, p. 270, fig. 332) ou par Manassès, évêque de Langres, en 1187 (*Ibid.*, p. 296); leur type diffère trop de celui qui nous occupe. Mais les mitres portées par Guy, archevêque de Sens en 1187 (*Ibid.*, p. 296), Barthélemy, évêque de Beauvais en 1165 (*Ibid.*, p. 282), Philippe, évêque de Rennes en 1180 (*Ibid.*, p. 287), sans compter, celle de Thomas Becquet que conserve le trésor de la cathédrale de Sens, ont bien la même forme que celle de saint Trophime.
5. *L'École de sculpture en Provence*, p. 22.

à têtes de lion, le manteau attaché sur l'épaule droite, une grande épée posée horizontalement sur les genoux (fig. 18). Or les exemplaires connus de ce sceau sont appendus à des actes de 1204 et de 1206[1]. Il y a trop de différences, à coup sûr, entre cette figure de Pierre II et celle d'Hérode pour qu'on puisse affirmer qu'elles sont contemporaines; mais on ne saurait nier qu'elles offrent assez d'analogie pour qu'il soit difficile de croire le portail de Saint-Trophime de beaucoup antérieur à l'an 1200.

En voici d'ailleurs une dernière preuve.

J'ai dit plus haut que l'archivolte de la porte était entourée d'une riche série de moulures. Celles-ci sont assez élégantes et assez fines pour que M. Marignan ait compris l'impossibilité de les attribuer à la première moitié du XIIe siècle. « Peut-on admettre, dit-il, pour ces moulures si fines, si creusées, et aussi si nombreuses, la date indiquée par M. Vöge? Le dessin grêle[2], menu, de ces cintres trouve-t-il des similaires dans la région[3] »?

La réponse à cette question nous est fournie par un monument tout voisin d'Arles et qui appartient, sans doute possible, à la dernière décade du XIIe siècle.

L'église Sainte-Marthe à Tarascon, reconstruite vers la fin du XIIIe siècle, a conservé sur son flanc méridional une porte de style roman[4] dont les bas-reliefs ont été bûchés de façon à ne plus laisser de traces, mais dont l'archivolte présente beaucoup d'analogie avec celle de Saint-Trophime. Or une inscription encastrée sur le côté droit de cette porte nous autorise à dire qu'elle a été construite entre 1187, époque de la découverte du corps de sainte Marthe, et 1197, époque de la consécration de l'édifice et de la pose de l'inscription[5].

1. Blancard, *Iconogr.*, pl. LIX, n° 1.
2. L'épithète est impropre. Ces moulures n'ont rien de grêle. Elles sont fines, mais d'une proportion excellente.
3. *L'École de sculpture en Provence*, p. 19.
4. Voir ci-après planche XVI.
5. Cette inscription a été publiée notamment dans les *Mémoires de la Société archéol. du Midi*

Voilà donc un ensemble important de témoignages qui nous obligent à rapprocher de l'an 1200 la date de construction du portail de Saint-Trophime.

Mais c'est avant cette date qu'il faut le placer et non après, comme le prétend M. Marignan. Aux raisons que j'ai déjà données pour cela j'en ajouterai encore deux.

La première, je la puise dans une étude attentive des nombreuses inscriptions qui ornent le portail de Saint-Trophime.

Personne ne s'y est arrêté parce que ces inscriptions ne sont pas datées, qu'elles ne contiennent que de pieuses légendes ou des noms de saints et qu'on les a jugées sans intérêt.

Mais c'est, je crois, une grosse erreur. En effet, quoiqu'elles ne soient pas datées[1], nous pouvons déterminer leur âge assez exactement en les comparant aux inscriptions du cloître qui sont pour la plupart à date certaine, et qui s'échelonnent assez régulièrement entre les années 1165 et 1238[1].

Or, si on compare ces inscriptions entre elles, on est frappé des différences qui distinguent les inscriptions du portail de tout le groupe des inscriptions du cloître postérieures à l'an 1200. Il y a entre elles toute la distance qui sépare la majuscule gothique pleinement formée de la majuscule romane déjà en voie de transformation, mais conservant encore les types anciens dans la plupart des cas[2].

Qu'on fasse au contraire la même comparaison avec le groupe des inscriptions allant de 1165 à 1188 et on est frappé des ressemblances qu'on y relève, bien qu'elles soient l'œuvre de je ne sais combien de lapicides différents.

de la France, t. III, p. 106; dans le *Dictionnaire d'épigraphie chrétienne* de Migne, t. II, col. 1097, etc. Détail que je signale à ceux qui ne seraient pas convaincus par ma démonstration. En tête de l'inscription le lapicide a représenté les deux évêques consécrateurs. Ils portent la mitre à deux cornes. Caumont a reproduit ces deux figures dans son *Abécédaire d'archéologie. Architecture religieuse*, p. 301.

1. On a vu plus haut qu'elles appartiennent aux années 1165, 1181, 1183, 1188, 1203, 1212, 1221, et 1238.

2. On contestera peut-être l'exactitude de cette observation pour une des épitaphes du cloître, celle du chanoine Durand († 1212). Elle est en effet d'un type plus archaïque que les autres et res-

Ma seconde raison est encore plus convaincante et entraînera, je pense, les plus hésitants. Elle m'est fournie par le beau rinceau qui couvre tout le dessous du linteau de la porte.

M. Revoil n'a pas manqué de le relever dans son grand ouvrage, mais ni lui ni personne n'a encore remarqué l'extraordinaire similitude qu'il présente avec un ornement analogue qui décore la partie antérieure du linteau de la porte d'entrée de l'ancienne cathédrale de Maguelonne[1]. C'est le même genre d'enroulement, le même type conventionnel de feuillages, la même façon de présenter les éléments des feuilles. Les enroulements sont peut-être un peu moins réguliers

Fig. 19. — Rinceau ornant le linteau de la porte de Saint-Trophime.

sur le linteau d'Arles (fig. 19) que sur celui de Maguelonne (fig. 20), le travail un peu moins habile ; mais cette différence d'exécution n'est pas assez marquée pour qu'on puisse conclure à une grande différence de date. Or une inscription qui suit le bord du linteau de Maguelonne nous apprend qu'il a été sculpté en 1178. Nous avons donc là une puissante raison de croire que celui d'Arles (et par conséquent le

semble plus qu'elles aux inscriptions du portail. Mais elle présente des particularités caractéristiques que l'on ne retrouve dans aucune de ces dernières, par exemple l'H de la 4e ligne, le D de la 5e, l'emploi de la virgule pour l'abréviation *us*, l'emploi constant du signe en forme d'**Ω**, au lieu du simple trait horizontal, pour les autres abréviations.

1. M. Marignan a remarqué le linteau de Maguelonne, mais il l'a rapproché du linteau de la grande porte de Moissac, qui est orné d'une façon toute différente, et n'a pas songé à le comparer au linteau de Saint-Trophime, sur lequel son attention n'a jamais été attirée, à cause sans doute de la place peu en vue qu'y occupe notre rinceau.

Fig. 20. — Porte de la cathédrale de Maguelonne.

portail avec lequel il fait corps) a dû être exécuté vers la même époque[1].

Aucun doute n'est donc possible, c'est à l'art du XIIe siècle qu'appartient le portail de Saint-Trophime, mais du XIIe siècle avancé. Et je ne vois qu'un moyen de concilier toutes les considérations qui précèdent, c'est de supposer que ce portail a été commencé peu après l'achèvement de la première galerie du cloître, c'est-à-dire entre 1180 et 1190 environ.

Or, à cette date, les sculptures du Portail royal de Chartres étaient achevées depuis plusieurs années. Il est donc impossible de souscrire à la thèse de M. Vöge.

Mais ce n'est pas seulement la chronologie qui s'élève à l'encontre de cette thèse, c'est l'aspect des monuments eux-mêmes. Les figures d'Arles et de Chartres procèdent de deux influences bien distinctes : les premières, avec leurs formes lourdes, courtes, peu mouvementées, rappellent ces sculptures gallo-romaines, dont les sarcophages de la Provence nous ont conservé des exemples bien connus.

Celles de Chartres, au contraire, avec leurs longs corps que font paraître encore plus allongés les petits plis parallèles du vêtement, avec leurs physionomies expressives, procèdent de cette jeune et vigoureuse école qui, dès la fin du XIe siècle peut-être, à coup sûr dès le début du XIIe, enfanta en Bourgogne et sur le cours supérieur de la Loire des œuvres d'une facture si mâle et si vivante.

J'ai signalé ci-dessus les rapprochements iconographiques que l'on pouvait faire entre certaines sculptures des façades de Chartres et de la Charité-sur-Loire. Que l'on compare ces mêmes sculptures

1. J'ai déjà dit plus haut que l'ensemble de la porte Maguelonne n'avait pas le même âge que le linteau. La figure donnée par Revoil (*Arch. rom. du Midi de la France*, t. I, pl. XLVI) permet peu de soupçonner ce que l'examen de l'original rend évident, c'est que cette porte a été refaite au XIIIe siècle en utilisant des morceaux plus anciens. M. Marignan l'a dit avec raison (*La sculpt. en Prov.*, p. 55, note 1). Mais si je suis disposé à croire avec lui que le Christ du tympan n'est que du XIIIe siècle, je pense que les deux apôtres agenouillés, engagés dans les montants de la porte sont un reste d'un grand portail du XIIe siècle.

au point de vue du dessin, du faire, ce n'est plus seulement de la ressemblance, c'est une similitude complète.

Or, si l'abbaye de la Charité dépendait comme Chartres et Paris de la métropole de Sens, elle était sous la dépendance de Cluny, et sa belle église est un des plus remarquables spécimens de l'art bourguignon arrivé à son plein épanouissement. Nul doute que ce ne soit là un des anneaux de la chaîne encore mal connue qui devait relier l'atelier de Chartres à ceux de Vézelay et de la Bourgogne.

En tout cas, on peut affirmer que ce n'est pas à l'école d'Arles que les sculpteurs de Chartres se sont formés, car ils avaient donné déjà la pleine mesure de leur talent plusieurs années avant que le cloître ou la façade de Saint-Trophime eussent reçu les premiers éléments de leur décoration, et je ne vois aucun autre monument du bassin de la Méditerranée, qui puisse revendiquer l'honneur d'avoir servi de modèle aux artistes qui décoraient, dans la seconde moitié du XIIe siècle, nos églises du bassin de la Seine.

CHAPITRE V

LA FAÇADE DE SAINT-GILLES

La façade de Saint-Gilles peut-elle prétendre au rôle que je dénie à Saint-Trophime d'Arles dans la genèse de la sculpture gothique ? Je ne le crois pas. Mais avant d'aborder cette question il importe d'être fixé sur un problème bien mal élucidé jusqu'ici, c'est l'âge même de cette église et de son portail.

On peut être étonné qu'un pareil monument, le dernier mot de l'art roman dans le Midi de la France, n'ait jamais été l'objet d'une étude vraiment approfondie. Il en est ainsi cependant, et malgré les judicieuses observations d'un ou deux hommes plus attentifs et mieux informés, on va partout répétant sans contrôle les appréciations hasardées par Mérimée dans ses Notes de voyage[1], et rééditées par Revoil sans le moindre effort de critique.

Ces appréciations s'appuient sur une inscription gravée sur un des contreforts de l'église qui fixe à l'an 1116 le commencement des travaux. On en a conclu que, la construction ayant dû commencer par le chœur, comme c'était l'usage, on était arrivé à la façade principale vers le milieu du XIIe siècle[2]. Mais cette conclusion est purement hypothétique, car on n'a aucune donnée sur la marche de cette vaste entreprise et sur le degré de rapidité qui lui fut imprimé ; on n'a même pas de motifs sérieux de croire que la construction

1. *Notes d'un voyage dans le Midi de la France* (Paris, 1835), p. 341.
2. C'est le raisonnement de Vöge, *Die Anfänge des monum. Stiles im Mittelalter*, p. 130.

ait commencé par le chœur, et l'inscription précitée donne plutôt à supposer le contraire, car ce n'est pas au chevet qu'elle se trouve, elle est gravée sur le premier contrefort à droite après la façade.

Aussi Quicherat n'a-t-il pas hésité à considérer le chœur comme postérieur à la nef[1]. Revoil n'a pas donné son opinion sur ce point ; Viollet-le-Duc, pas davantage ; il ne parle d'ailleurs de Saint-Gilles qu'incidemment et ne fait connaître aucun des motifs qui ont pu l'induire à attribuer le chœur et la façade à la fin du XIIe siècle[2].

Aussi son jugement a-t-il passé presque inaperçu, et s'en est-on tenu de préférence à l'opinion de Quicherat, qui en publiant un curieux document relatif aux travaux exécutés à l'église de Saint-Gilles pendant le XIIIe siècle[3], a risqué sur la marche des travaux antérieurs et sur ce qui en reste aujourd'hui des hypothèses qu'on a généralement accueillies avec faveur.

Pour Quicherat la crypte entière avec ses croisées d'ogives remonterait à 1116 ; la construction de la nef aurait suivi immédiatement ; mais les travaux, à cause de leur importance, auraient avancé lentement, et l'on aurait même dû les interrompre après la construction du portail. Cette construction, il la place vers 1150, sans en donner d'autre raison que l'opinion de Mérimée à laquelle il adhère sans la discuter. Il prétend que les travaux de la nef étaient alors parvenus à la naissance des grandes arcades, à une douzaine de mètres du sol. L'œuvre commencée n'aurait été reprise qu'aux approches du XIIIe siècle, mais alors, au lieu d'achever la nef, on aurait entrepris cet admirable chœur dont il ne reste plus que le soubassement, avec le fragment de chapelle auquel est adossée la fameuse *vis de Saint-Gilles*.

Cette partie de l'édifice n'aurait d'ailleurs jamais été terminée, la construction ayant dû être abandonnée lorsque s'abattirent sur le

1. *Mélanges d'archéologie* réunis par R. de Lasteyrie, p. 179.
2. *Dict. d'archit.*, t. II, p. 140, et t. VII, p. 417.
3. *Revue des Sociétés Savantes*, 6e série, t. VIII (1878), p. 117, réimprimé dans ses *Mélanges*, p. 176 et s.

Midi les catastrophes amenées par l'hérésie albigeoise. « Il ne fut possible, ajoute Quicherat, de songer à la reprise des travaux qu'après l'apaisement de la tourmente. L'abbaye de Saint-Gilles n'était plus le riche établissement d'autrefois. » L'abbé auquel serait dû l'achèvement de la nef, Guillaume de Sieure, « ne put faire autre chose que de pourvoir à ce que l'édifice fût couvert le plus promptement et le plus économiquement possible », et l'architecte qu'il choisit, en 1261, pour achever l'édifice, Martin de Lonay, dut renoncer aux vastes proportions admises dans le principe. « Il dut se résoudre à baisser de deux mètres les chapiteaux déjà placés en haut des piliers pour recevoir les grandes arcades de la nef » ; « il donna à celles-ci une forme de cintre brisé et surbaissé qui n'était certainement pas celle du projet primitif » ; « il réduisit les percements à de petites fenêtres sans meneaux, et acheva la construction en mauvais matériaux, qui jurent avec la beauté d'appareil des parties inférieures [1] ».

Ainsi, pour Quicherat, l'histoire du monument se résumerait de cette façon : construction de la crypte en 1116 ; commencement de la nef, aussitôt après ; interruption des travaux vers 1150, à l'époque où furent exécutées les sculptures du portail ; commencement du chœur vers la fin du XIIe siècle ; nouvelle interruption des travaux par suite de la guerre des Albigeois ; reprise de la nef en 1261 par Martin de Lonay, qui lui aurait donné son aspect disgracieux et froid ; enfin au XVIIe siècle « un mauvais remaniement aurait achevé de rendre cette nef tout à fait indigne du portail somptueux par lequel on y accède [2] ».

Il y a bien des erreurs dans cet historique, je le prouverai plus loin ; mais pendant plus de vingt ans personne n'y a pris garde. Il s'accordait d'ailleurs assez bien avec les appréciations de Revoil, qui, par le succès mérité de son beau livre, a conquis un rang distingué parmi les archéologues, bien qu'il se soit borné à décrire

1. Quicherat, *Mélanges*, t. II, p. 180.
2. *Ibid.*

sommairement les monuments dont il avait relevé les plans, sans se donner la moindre peine pour en analyser les diverses parties, et en faire un classement chronologique établi sur des bases sérieuses.

Pour lui la crypte serait de 1116, sauf la petite travée médiane dans laquelle on a trouvé des restes d'une construction bien antérieure[1]. Il met au XIIe siècle tout le reste de l'église sans préciser davantage. Quant à la façade elle serait « de quelques années l'aînée de celle de Saint-Trophime d'Arles[2] » ; or il a attribué ailleurs la construction de celle-ci à l'archevêque Raymond de Montrond et l'a fixée aux environs de l'an 1152, époque de la translation des reliques de saint Trophime[3]. Cela mettrait l'exécution de la façade de Saint-Gilles vers 1140[4].

C'est tout récemment qu'on a commencé à contester ces conclusions, mais en sens opposé, ce qui montre bien à quel degré elles sont fragiles.

M. Marignan est venu affirmer qu'il ne restait rien de l'église commencée en 1116, et dans son long mémoire sur la sculpture provençale il s'est efforcé de prouver que la crypte n'avait pas été construite avant la fin du XIIe siècle, que par conséquent l'église qui la surmonte n'avait pu être entreprise avant le XIIIe, ni le portail qui la précède sculpté avant le milieu du même siècle[5].

Cette thèse vient d'être contredite par un savant ecclésiastique, M. l'abbé Nicolas, actuellement curé de Saint-Gilles, dans un mémoire où nous trouvons plusieurs documents importants qui

1. *Archit. romane du Midi de la France*, t. III, p. 50.
2. *Ibid.*, p. 64.
3. *Ibid.*, p. 35.
4. Revoil dit ailleurs (p. 64) qu'elle est contemporaine de celle de Chartres, dont il ne donne pas la date, mais qu'il attribuait comme Viollet-le-Duc à 1140 environ.
5. Il va même plus loin, car il dit en parlant de certaines figures du portail « qu'on croirait voir une œuvre du XIVe siècle » (*L'École de sculpt. en Provence*, p. 45) ; il émet la même idée à propos de la frise de la porte principale (*Ibid.*, p. 38) ; et si finalement il conclut pour la première moitié du XIIIe siècle, il ajoute que « certaines scènes font prévoir les procédés techniques du siècle suivant », (p. 47).

jettent un jour nouveau sur certains points de l'histoire architecturale de l'abbaye[1].

M. l'abbé Nicolas ne prétend pas nous donner la date du fameux portail ; mais il invoque deux motifs pour rejeter les conclusions de M. Marignan. Le premier, c'est que la crypte serait bien plus vieille que ne le dit celui-ci. Elle aurait été consacrée dès 1096 par le pape Urbain II, et la date de 1116 s'appliquerait non à la crypte alors achevée, mais à l'église supérieure dont elle indiquerait le commencement des travaux[2]. Cela ferait tomber un des meilleurs arguments de M. Marignan.

Le second motif est pris dans la chronique de Pierre des Vaux de Cernay, où il est dit que Raymond VI, pour expier le meurtre du légat Pierre de Castellane, fut amené devant les portes de l'église de Saint-Gilles[3]. Le fait s'étant passé en 1209, on aurait là une preuve certaine que le portail n'est pas du milieu du XIIe siècle, mais d'une époque fort antérieure[4].

Comment étudier les sculptures de Saint-Gilles avant d'être fixé sur la valeur de thèses aussi contradictoires. En réalité elles contiennent chacune quelques parcelles de vérité, et beaucoup d'erreurs.

Ainsi M. l'abbé Nicolas s'est étrangement mépris en attribuant l'inscription de 1116 à l'église supérieure et en supposant que la crypte avec son merveilleux appareil a pu être construite dès le XIe siècle. M. Marignan de son côté a risqué une assertion téméraire en prétendant « qu'il ne faut pas tenir compte de l'inscription de 1116[5] » et que la crypte actuelle ne peut être antérieure à la fin du XIIe siècle. Enfin Quicherat lui-même s'est trompé en appliquant la date donnée par l'inscription à la crypte tout entière et en admettant qu'on ait pu à une époque aussi peu avancée du XIIe siècle construire les belles croisées d'ogives élégamment ornées que l'on y voit.

1. *Construction et réparations de l'église de Saint-Gilles* (Nîmes, 1900, in-8°).
2. *Ibid.*, p. 10.
3. « Adductus est comes nudus ante fores ecclesiæ » (*Hist. Albig.*, 9-12).
4. *Constr. et réparat.*, p. 17.
5. *L'école de sculpture en Provence*, p. 30.

La crypte de Saint-Gilles forme une véritable église souterraine avec nef et collatéraux dont le plan reproduit exactement le plan des six premières travées de l'église qui la surmonte (fig. 21).

La concordance des deux plans est telle, les maçonneries sont de part et d'autre tellement semblables, qu'il n'est pas possible de supposer qu'un laps de temps considérable ait pu s'étendre entre la construction de la crypte et celle de l'église supérieure. Quinze ans, vingt ans, trente ans même ont pu s'écouler entre le jour où on a posé la première pierre de la crypte et celui où on a commencé la nef haute, mais, c'est la même inspiration, le même faire, les ouvriers du même atelier qu'on retrouve dans l'une et dans l'autre.

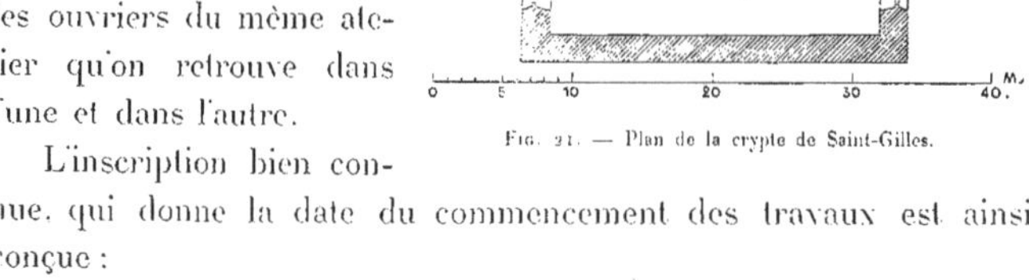

Fig. 21. — Plan de la crypte de Saint-Gilles.

L'inscription bien connue, qui donne la date du commencement des travaux est ainsi conçue :

an NO DNI M̊ C̊ XVI̊ HOC TĒPLV̄
s. a EGIDII ÆDIFICARI CEPIT :
m. APL FR II IN OCTAB̄ PASCHE

Elle est gravée sur une des pierres d'angle du second contrefort

du côté méridional de l'église[1]. M. l'abbé Nicolas a démontré[2], et c'est l'évidence même, qu'elle n'a pas été rapportée ou ajoutée après coup. Il n'est donc pas permis, comme le voudrait M. Marignan, de n'en pas tenir compte, et nous pouvons affirmer avec une certitude absolue que la partie du monument où elle est encastrée appartient à l'édifice dont la construction a commencé le 10 avril 1116.

Or la pierre où elle est gravée est logée dans la quatrième assise en partant du sol ; elle est donc placée au cœur même des maçonneries de la crypte, et l'on ne peut admettre avec M. l'abbé Nicolas qu'elle s'applique seulement à l'église supérieure.

En réalité, pour qui connaît la place occupée par cette inscription aucun doute n'est possible. C'est à la crypte qu'elle s'applique et c'est par là que les travaux de la nouvelle église ont commencé en 1116.

M. l'abbé Nicolas n'aurait pu s'y tromper s'il n'avait été abusé par la préoccupation de retrouver dans l'édifice actuel des traces de l'église consacrée en 1096 par le pape Urbain II.

En effet nous savons par des documents positifs que ce pontife vint à Saint-Gilles à deux reprises, une première fois au commencement de septembre 1095, la seconde au mois de juillet suivant. Sa première visite coïncida avec la fête du saint[3]. Les moines s'occupaient alors de la construction d'une nouvelle basilique ; mais les travaux étaient sans doute encore peu avancés, car ils durent attendre la seconde visite du souverain pontife pour faire consacrer par lui le maître-autel de cette nouvelle église.

Le fait nous est attesté par une bulle d'Urbain II où il est dit expressément que le pape consacra « basilice nove aram omnipotenti Deo[4] ». M. l'abbé Nicolas, d'accord en cela avec l'éditeur du *Bullaire*

1. En A sur le plan ci-joint.
2. *Construction et réparations de l'Église de Saint-Gilles*, p. 16.
3. Bulle du 12 sept. 1095 (Goiffon, *Bullaire de Saint-Gilles*, p. 33).
4. Bulle du 22 juillet 1096. Le pape rappelle les concessions que Raymond de Saint-Gilles vient de faire à l'abbaye pendant le concile de Nîmes, puis il ajoute : « Post hac divine voluntatis disposi-

de Saint-Gilles[1], veut que cet autel consacré par le pape ait été dans la crypte actuelle et que celle-ci ait été « achevée ou du moins bien avancée en 1096[2] » ; mais cela est inadmissible pour plusieurs raisons. La première, c'est qu'il est vraiment contraire à toutes les règles de la critique de passer outre au témoignage si catégorique fourni par l'inscription de 1116, laquelle, je l'ai prouvé plus haut, s'applique de toute évidence à la crypte actuelle.

La seconde raison, c'est que, si le pape avait consacré la crypte ou un autel dans la crypte, le rédacteur de la bulle aurait employé d'autres expressions; il n'aurait pas dit « aram basilice », mais « aram in basilica » ou quelque chose d'analogue. Et le fait même que cet autel est dédié à Dieu tout-puissant indique bien que c'est le maître-autel, et qu'il s'agit ici non de la crypte, mais du sanctuaire de l'église supérieure, dont je dirai plus loin les destinées.

Enfin viendrait-on, par impossible, à prouver que j'interprète mal cette bulle de 1096, et que l'autel en question était bien dans la crypte, cela ne prouverait aucunement que la belle construction que nous admirons aujourd'hui fût achevée ou seulement commencée à cette époque. Cela voudrait seulement dire que c'est à la fin du XIe siècle qu'il faut attribuer un fragment de cette crypte formant le milieu de la quatrième travée, et dans lequel tout le monde est d'accord pour reconnaître les restes d'un édifice antérieur au monument actuel[3].

C'est en effet une construction beaucoup moins soignée et qui a fait partie d'un édifice de proportions plus restreintes, comme un simple coup d'œil jeté sur le plan permet de le constater. C'est dans cette partie de la crypte que des fouilles entreprises en 1865 firent découvrir un tombeau rectangulaire en calcaire tendre portant, sur

tione actum est, ut apud Beati Egydii monasterium basilice nove aram omnipotenti Deo dicaremus » (Goiffon, *Bullaire*, p. 36).

1. Goiffon, *Bullaire*, p. 33, note 5.
2. Nicolas, *Construction et répar.*, p. 7.
3. C'est la travée marquée 1 sur le plan que j'ai donné p. 85.

la face interne de l'épaisse dalle qui lui servait de couvercle, l'inscription suivante :

INH · TML · QI
C · B · ÆGD ·

que l'on a lue : In h(*oc*) t(*u*)m(*u*)l(*o*) q(*u*)i(*escit*) c(*orpus*) b(*eati*) æg(*i*)d(*ii*).

Revoil, qui était un habile architecte, mais n'était ni un archéologue de profession ni surtout un épigraphiste, émit l'opinion que la forme des lettres de cette inscription dénotait la fin du VIIIe siècle. Son opinion a été adoptée par tout le monde sans examen, et M. l'abbé Nicolas, se rappelant qu'une bulle de Jules II attribue à Charlemagne la construction d'une somptueuse église en l'honneur de saint Gilles[1], en a conclu que la partie de la crypte où le tombeau en question a été retrouvé est un reste de cette église, et qu'il faut attribuer au VIIIe siècle cette travée du monument, comme le tombeau lui-même.

Je ne m'arrêterai pas à discuter longuement des hypothèses aussi arbitraires. Que vaut une tradition consignée dans une bulle de l'an 1506, alors que nous possédons une centaine de bulles de date antérieure et qu'aucune ne fait la moindre allusion à la part que Charlemagne aurait prise dans les constructions de Saint-Gilles ?

Que vaut le témoignage du tombeau lui-même? Est-il vraiment du VIIIe siècle? L'inscription qu'on y lit n'en fournit aucunement la preuve ; bien au contraire[2].

En tout cas, s'il est du VIIIe, il est bien sûr que la travée de la crypte où on l'a découvert n'est pas de cette date, car le témoignage de Revoil, confirmé du reste par M. l'abbé Nicolas, est formel : le tombeau a été trouvé au milieu de « murs en grandes assises de pierre

1. Goiffon, *Bullaire de Saint-Gilles*, p. 237.

2. Le système d'abréviations employé dans cette inscription ne saurait convenir en effet ni au VIIIe siècle, ni à l'époque carolingienne. La place anormale qu'elle occupe sur la face interne du couvercle autorise peut-être à croire qu'elle a été ajoutée après coup. En tout cas le tombeau lui-même est trop petit pour que l'on puisse y voir la sépulture primitive du saint. On n'a pu y enfermer un adulte que longtemps après sa mort, alors qu'il ne restait plus de son corps que des ossements desséchés.

de taille, enfouis sous un remblai ancien » qui formaient « une vraie confession, dont les réparations de 1865 ont fait malheureusement disparaître les derniers vestiges[1] ». Que ces murs, aujourd'hui détruits, aient pu remonter au VIIIe siècle, je n'en sais rien, mais leur présence au-dessous des constructions actuelles suffit à démontrer que celles-ci sont bien moins anciennes, et corrobore l'opinion que j'ai émise plus haut et qui attribue à la fin du XIe siècle et à l'édifice consacré en 1096 cette travée de la crypte, manifestement antérieure à l'édifice entrepris en 1116?

Ceci bien établi, voyons ce qui reste de ce dernier édifice, et quelles modifications il a subies.

Ce qui frappe quand on pénètre dans cette belle église souterraine, c'est de voir ses voûtes portées sur des croisées d'ogives.

Des croisées d'ogives à Saint-Gilles, dans le premier quart du XIIe siècle! Quicherat ne s'en est pas autrement étonné, et le dernier auteur qui ait fait une étude raisonnée des origines de la croisée d'ogives, M. Lefèvre-Pontalis, l'a admis sans la moindre hésitation[2]. Seul jusqu'ici, à ma connaissance, M. Marignan s'est refusé à partager l'opinion commune. « Ce n'est qu'à la fin du XIIe siècle, dit-il, qu'on a pu faire dans le Midi une pareille construction »... et plus loin : « La crypte de l'église de Saint-Gilles n'est pas le seul monument voûté d'ogives dans cette région : nous avons encore le porche de Saint-Victor de Marseille, celui de Saint-Guilhem-du-Désert et le transept de l'église de Maguelonne. Nous voyons dans ces différents travaux des œuvres de la fin du XIIe siècle ou bien mieux du *commencement du XIIIe siècle*[3]. »

C'est donc à cause de l'emploi des croisées d'ogives que M. Marignan prétend rajeunir à tel point la crypte de Saint-Gilles, ce qui lui fournit un puissant argument, — je le rappelle, car c'est là ce qui

1. Une reproduction très soignée de ces restes a été faite en liège, à l'époque de la découverte par M. Roussillon. Elle est aujourd'hui conservée à Saint-Gilles même, chez sa veuve, qui m'a très obligeamment permis de l'étudier.

2. *L'Archit. relig. dans l'ancien diocèse de Soissons*, t. I, p. 67 et 68.

3. *L'École de sculpt. en Provence*, p. 30, note 1.

m'oblige à cette longue discussion, — pour faire descendre jusqu'en plein XIIIe siècle les sculptures de la façade élevée au-dessus de la crypte.

Mais, pas plus que ses devanciers, M. Marignan n'a su analyser ce curieux édifice. Il a cru, comme Revoil, comme Quicherat et comme tous les autres, avoir affaire à une construction élevée d'un seul jet. Or il n'en est rien, et, quand on y regarde de près, on s'aperçoit que ces

FIG. 22. — Vue intérieure de la crypte de Saint-Gilles.

croisées d'ogives, qui ont — avec raison, je le reconnais — si fort gêné M. Marignan, n'appartiennent pas au premier état de l'édifice.

La crypte commencée en 1116 ne comportait pas de croisées d'ogives. Elle était voûtée d'arêtes, comme on peut le voir encore à deux travées du collatéral Sud qui n'ont subi aucune retouche[1].

Il en a été de même à l'origine pour les autres travées de ce col-

1. Celles qui portent les n°s 3 et 4 sur mon plan (fig. 21). La travée du même collatéral marquée 2 sur le plan est voûtée en berceau plein cintre. La conservation du mur très épais qui flanquait à gauche les restes de la crypte du XIe siècle, englobés dans la construction nouvelle, rendait en effet inutile l'emploi de la voûte d'arêtes.

latéral ainsi que pour toutes les travées de la galerie médiane de la crypte, moins une[1]. On voit encore en effet sur un des piliers de la 2ᵉ travée de ce bas-côté, les amorces de la voûte d'arêtes qui a précédé les ogives actuelles[2], et les ogives étaient si peu prévues dans le plan primitif que, pour en supporter les retombées, on a dû relancer des pierres dans les angles de la plupart des travées[3] ou faire d'importantes reprises dans les piédroits[4].

Les gravures de Revoil ne permettent pas de soupçonner ces importantes retouches, mais elles apparaîtront avec évidence à quiconque prendra la peine d'étudier le monument sur place et de relever les décrochements nombreux qu'on remarque dans l'appareil.

Trois travées seulement paraissent avoir toujours été voûtées d'ogives. C'est la première de la galerie médiane et les deux du collatéral Nord[5]. Ce sont les seules où je n'ai pas relevé de traces certaines de reprises.

Pour qui sait regarder, la marche des travaux se lit donc sur l'édifice avec une grande clarté. La construction a commencé en 1116 par le fond de la crypte. Celle-ci étant bâtie sous la nef, on a pu conserver, pendant tout le temps de la construction, le sanctuaire de l'église supérieure consacré par Urbain II en 1096.

La crypte était presque achevée, on n'avait plus à voûter que les deux premières travées de la galerie médiane et les deux travées correspondantes des collatéraux[6], quand on eut l'idée d'employer les

1. Je ne parle pas de la travée (n° 1 du plan) conservée de l'église antérieure. Elle est en effet couverte d'une voûte d'arêtes probablement contemporaine de celles des travées marquées 3 et 4.

2. La figure 22 permet de voir clairement cette reprise. Elle montre dans le fond à droite la travée 3 du plan avec sa voûte d'arêtes non retouchée. On voit que le pilier qui sépare cette travée de la travée 9 avait été construit également pour porter une voûte d'arêtes. Quand on a mis les ogives on a relancé des pierres en biais pour porter les retombées de la voûte n° 9, et remanié les angles du même pilier correspondant aux retombées des voûtes nᵒˢ 8 et 11.

3. On voit de ces pierres posées de biais dans les angles des travées 9 et 10. (Cf. fig. 22).

4. Il y a eu reprise partielle des piliers primitifs, aux travées 8 et 11, et aux piles séparant les travées 6 et 7.

5. Ce sont les travées nᵒˢ 12, 13 et 14 du plan.

6. On allait commencer la construction des deux piliers isolés qui portent les retombées de ces travées ; tout le pourtour de la crypte était bâti moins peut-être le mur qui ferme au Nord les travées

croisées d'ogives. On en mit aux travées en cours de construction, et on remania les travées 6, 7 et 8 déjà achevées, dont la portée paraissait sans doute bien grande pour des voûtes d'arêtes.

Quand s'opéra cette modification ? ou en d'autres termes de quelle époque sont les ogives de la crypte de Saint-Gilles ? La date peut, je crois, en être déterminée à quelques années près.

Nous savons en effet que, deux ans à peine après le commencement de l'entreprise, le monastère passa par les plus cruelles épreuves. Le comte de Toulouse, Alfonse-Jourdain, s'empara du bourg de Saint-Gilles, envahit l'abbaye à main armée, promena partout le meurtre et l'incendie[1], et répondit aux objurgations du pape Calixte II, qui avait cherché à mettre un frein à toutes ces violences, en s'emparant de l'abbé Hugues et en l'emmenant prisonnier au château de Beaucaire[2]. Comment supposer que les travaux aient pu continuer dans des circonstances pareilles ? Ajoutons à cela que, dès 1119, le trésor de l'abbaye avait été mis au pillage[3].

On sait qu'Alfonse Jourdain, frappé d'excommunication par le pape, finit par venir à résipiscence, et que pour réparer tous ces maux et pourvoir à l'administration de l'abbaye privée de chef depuis la mort de l'abbé Hugues, le pape fit appel à l'expérience du célèbre abbé de Cluny, Pierre le Vénérable[4]. Sous sa haute direction, un nouvel abbé fut mis à la tête du monastère de Saint-Gilles : il s'appelait Pierre, et c'est à lui sans doute que revient le mérite d'avoir rouvert le chantier. Le gros œuvre de la crypte devait être bien avancé,

13 et 14. On le voit aux corbeaux qu'on dut relancer dans les angles des travées 9 et 10 pour recevoir les retombées des voûtes.

1. « Abbatis et fratrum Sancti Egydii querelam accepimus quod Ildefonsus comes..... ecclesiam et burgum Sancti Egydii armata manu invaserit, incendia ibi et homicidia fecerit, et burgenses ad perjurium contra monasterii fidelitatem coegerit » (Bulle de Calixte II du 21 juin 1121, dans Goiffon, *Bullaire*, p. 59).

2. « Ildefonsus comes filium nostrum Hugonem abbatem et fratres ejus de monasterio ipso expulit, et monasterium cum burgo et aliis suis pertinentiis per secularem potentiam occupavit » (Bulle de Calixte II du 22 avril 1122. *Ibid.*, p. 66).

3. « Ad hoc etiam ventum est ut, inter cetera, major tesauri pars distracta sit et dispersa » (Bulle de Calixte II du 28 juin 1119. *Ibid.*, p. 53).

4. Voir une bulle d'Honorius II probablement du 2 avril 1125 (Goiffon, *Bullaire*, p. 71).

sinon complètement achevé vers 1140, car, dans le mur qui la ferme à l'occident et qui porte la grande façade sculptée, on voit encastrées plusieurs inscriptions[1] qui prouvent que l'on enterrait alors en avant de l'église, ce que l'on n'aurait pu faire, si la partie attenante de la crypte avait encore été en construction et si la place avait encore été encombrée de matériaux. Deux de ces épitaphes sont datées. Elles sont de 1142 (fig. 23).

Or un détail d'appareil, que révèle une observation attentive, prouve qu'au moment où fut construit ce mur de façade, les ogives des voûtes étaient prévues. En effet, dans l'angle Nord-Ouest de la travée 14, les ogives retombent sur un pilastre posé de biais, dont les assises, sans liaison avec celles du mur Nord de l'édifice, correspondent exactement avec celles du mur de façade. J'en conclus que ce pilastre est de même date que ce mur, et par conséquent antérieur à 1142, époque des sépultures que je viens de signaler. Si donc les voûtes d'ogives n'étaient pas achevées à cette date, elles ont dû l'être peu après, puisqu'on en prévoyait déjà la construction.

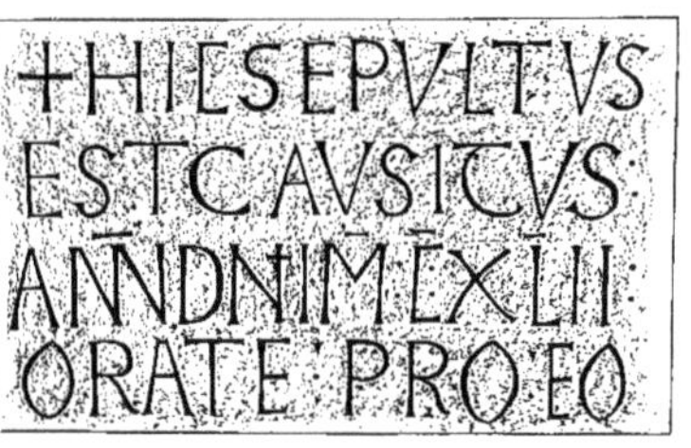

FIG. 23. — Inscription gravée sur le mur antérieur de la crypte.

A qui s'étonnerait que j'admette les croisées d'ogives dans le Midi à une date si reculée, je répondrai qu'elles ne doivent pas être l'œuvre d'architectes méridionaux, mais qu'il faut sans doute en faire honneur à quelque artiste bourguignon envoyé à Saint-Gilles par l'abbaye de Cluny[2]. Cette hypothèse est confirmée par la décoration que plusieurs des piliers de la crypte ont reçue à l'époque où on les

1. Revoil en a donné le texte (*Archit. romane du Midi de la Fr.*, t. II, p. 52).

2. L'union de Saint-Gilles et de Cluny était si étroite que, lorsque les moines de Saint-Gilles avaient à élire un abbé, ils devaient, s'ils voulaient le prendre hors du monastère, le choisir parmi les moines de Cluny (Bulle d'Innocent II, datée de 1132. Goiffon, *Bullaire*, n° LII, p. 71).

remania pour y adapter des voûtes d'ogives. Car cette décoration consiste en cannelures, et tout le monde sait que c'est un des ornements caractéristiques de l'architecture bourguignone au XIIe siècle.

Je crois donc que la plus grande partie de la crypte était élevée en 1140, et que, très peu de temps après, ses voûtes avaient déjà leur forme actuelle.

On peut donc admettre, comme le faisait Quicherat, que la construction de l'église haute était en pleine activité vers 1150, car l'appareil et le mode de structure de cette partie de l'édifice ressemblent tant à ce qu'on voit dans la crypte qu'il n'y a vraiment aucune raison de croire que les travaux ne se sont pas continués sans interruption.

Mais, jusqu'à quel point les architectes du XIIe siècle les ont-ils poussés ? Quicherat, on l'a vu, a supposé qu'on les avait interrompus vers 1150 pour s'occuper du portail, puis qu'on aurait passé au chœur en laissant inachevées les arcades de la nef dont les piles étaient bâties jusqu'à la hauteur d'une douzaine de mètres[1], et que l'architecte Martin de Lonay, ayant repris le travail en 1261, abaissa de deux mètres les piles déjà construites et donna à la nef sa forme actuelle.

Or rien, dans le marché dont le texte a été le point de départ de l'étude de Quicherat, n'autorise à dire qu'il en ait été ainsi ; et M. l'abbé Nicolas a retrouvé divers documents qui montrent les choses sous un tout autre aspect. Ce n'est pas à la fin du XIIe siècle mais au XVIIe seulement, en 1650, qu'on a abaissé les piliers, transformé la nef, et construit la voûte qui la recouvre encore. Nous avons le prix-fait et le procès-verbal de réception de tous ces travaux ; je ne vois dès lors aucune raison pour supposer que, par un caprice étrange, on ait laissé la nef inachevée pour entreprendre la construction du chœur, et fait les frais d'un riche portail en avant d'une nef dont les grandes arcades n'étaient même pas bâties.

Il me paraît au contraire certain que les parties essentielles de

1. *Mélanges d'archéol.*, p. 179.

la nef ont été achevées avant qu'on s'attaquât au chœur. Rien dès lors n'empêche d'admettre que l'on ait élevé le portail qui complétait la nef, avant de démolir le vieux chœur contemporain d'Urbain II pour lui en substituer un autre plus vaste et plus somptueux.

Il y a, au contraire, de très solides raisons pour soutenir que c'est effectivement ce qui eut lieu. Je les puise dans l'histoire même de l'abbaye. Après les fâcheuses vicissitudes qu'elle avait traversées dans le premier quart du XIIe siècle, l'abbaye de Saint-Gilles connut sous les auspices de l'ordre de Cluny une assez longue période de calme et de prospérité, qui fut interrompue, vers 1179, par de graves embarras financiers, puis, un peu plus tard, par de nouveaux démêlés avec le comte de Toulouse, et finalement par les ravages de la guerre des Albigeois. Ce n'est que longtemps après, sous les règnes de Louis VIII et de Louis IX, qu'elle retrouva des circonstances propices aux grands travaux d'architecture. Le portail n'a donc pu être bâti qu'avant 1179, ou sous saint Louis. M. Marignan opine pour la seconde de ces dates ; mais il fait trop bon marché du témoignage de Pierre de Vaux-Cernay, qui dit expressément que la cérémonie expiatoire infligée à Raymond VI en 1209 eut lieu « ante fores ecclesiæ[1] ». En présence d'une assertion aussi formelle, il faudrait, pour soutenir que ces portes ne sont pas celles qu'on voit aujourd'hui, que leur style fût évidemment inconciliable avec toute date antérieure à 1209, ou que quelque texte explicite mentionnât leur reconstruction à une date postérieure. Or il n'en est rien.

On est donc forcé de conclure que le portail de Saint-Gilles existait bien avant 1209, et par conséquent qu'il a été entrepris pendant la période de paix dont l'abbaye a joui au XIIe siècle, c'est-à-dire antérieurement à 1179.

1. M. l'abbé Nicolas n'a eu garde de négliger cet argument (*Constr. et répar. de Saint-Gilles*, p. 17). M. Marignan (*L'école de sculpt. en Provence*, p. 31, note 2) prétend que Pierre de Vaux-Cernay, en disant : « *Adductus est comes nudus ante fores ecclesiæ* » (Migne, *Patrol.*, t. CCXIII, p. 564), « n'a pas voulu parler des portes de l'église, mais indiquer *au contraire* que la cérémonie a été faite devant l'édifice. » Voilà un *au contraire* qui paraîtra à tout le monde singulièrement arbitraire.

Je trouve la confirmation de ces conclusions, dans un fait matériel qui me paraît d'une importance capitale, c'est qu'en construisant, vers 1140, le mur antérieur de la crypte, on se préoccupait déjà du portail qu'il devait porter et dont les dispositions essentielles étaient déjà fixées. Le portail de Saint-Gilles, en effet, présente en son milieu une partie caractéristique, c'est cette saillie formée par deux couples de colonnes portées sur un socle élevé[1]. Or, le mur antérieur de la crypte offre en son milieu une saillie correspondant exactement à celle-là[2], et la portion de mur qui la forme n'a pu être construite après coup, car son appareil se lie intimement à celui des parties attenantes, et une inscription (fig. 24) nous prouve qu'elle existait dès 1142. N'est-il pas certain dès lors que le portail n'a pu être élevé un bien grand nombre d'années après la date donnée par cette inscription ? Il est bien probable qu'il le fut entre 1150 et 1179. J'ai dit en effet qu'à cette dernière date,

Fig. 24. — Inscription gravée dans le soubassement du portail de Saint-Gilles.

malgré la paix relative dont l'abbaye avait joui pendant près d'un demi-siècle, sa situation financière était fort obérée. L'abbé Raymond avait, d'accord avec le chapitre, aliéné certains biens pour faire face aux dépenses, et celles-ci avaient dû être lourdes puisque le Saint-Siège s'en était ému et que le pape Alexandre III, par une bulle du 9 juin 1179, crut devoir annuler ces aliénations et chercher d'autres moyens de désintéresser les créanciers de l'abbaye[3].

C'est donc au troisième quart du XIIe siècle qu'il faut placer la construction du portail de Saint-Gilles, et ceci s'accorde à merveille avec la marche générale des travaux, telle qu'elle ressort des consi-

1. Voir ci-après, pl. XVIII et XIX.

2. M. l'abbé Nicolas a eu l'obligeance de m'en relever les cotes et de vérifier le plan de Revoil qui sur ce point est parfaitement exact.

3. Goiffon, *Bull. de Saint-Gilles*, p. 90. — Cf. une autre bulle de la même époque, et ayant même objet (*Ibid.*, p. 92).

dérations que j'ai exposées plus haut. Car on a vu que nef et façade étaient probablement achevées quand on entama les travaux du chœur. Or ceux-ci étaient sans doute commencés bien avant 1180, car ils appartiennent, comme la partie antérieure de la crypte, à une époque où les architectes n'étaient pas familiarisés avec la croisée d'ogives. Ils n'en avaient pas prévu aux chapelles du chœur, et, pour en placer, ils durent relancer, dans les angles des espaces à couvrir, des pierres posées de biais (fig. 25) comme on en voit dans la crypte. Enfin je le répète, avant même que la guerre des Albigeois fût venue rouvrir pour l'abbaye une nouvelle ère de désordres et de calamités, elle avait vu ses biens mis au pillage par le comte de Toulouse[1], et l'on ne peut guère douter, en lisant certains documents de la fin du XIIe siècle, qu'elle ne fût plus à cette époque en situation d'entreprendre des travaux aussi importants[2].

Fig. 25. — Vue d'une chapelle du chœur de Saint-Gilles.

Le chœur fut donc commencé dans le troisième quart du XIIe siècle ; mais il n'était pas terminé à la fin du siècle, il ne l'était même pas à la fin du règne de saint Louis, car le pape Clément IV, dans une bulle de 1265, dit formellement que l'église n'était pas encore achevée[3], et, comme à la dernière travée de la nef du côté

1. Voir une bulle de 1196 (Goiffon, *Bullaire*, p. 97-99).

2. Voir une bulle de 1199 (*Ibid.*, p. 100). — Quelques années après, en 1206, une partie des moines accusait l'abbé d'avoir dilapidé les biens de l'abbaye (Bulle d'Innocent III, *Ibid.*, p. 101).

3. « Cum igitur ecclesia monasterii Sancti-Egidii,... dudum sumptuoso plurimum opere sit incepta, et ad ejusdem perfectionem operis, quod solliciter consummari cupimus, fidelium suffra-

du chœur on voit encore des constructions datant sûrement du XIVe siècle[1], on en peut conclure que le raccordement du sanctuaire et de la nef n'était pas encore opéré du temps de Clément IV. C'est sans doute pour y travailler que l'abbaye conclut en 1261 avec Martin de Lonay le marché que Quicherat a publié.

Quicherat, convaincu à tort que le chœur était alors fini, et ignorant qu'il existait encore en 1261 entre le chœur et la nef une lacune qu'on ne s'est occupé de faire disparaître qu'au XIVe siècle, a cru que Martin de Lonay avait travaillé à la nef et l'avait mise dans l'état où nous la voyons aujourd'hui. C'est sûrement une erreur, car il n'est pas fait la moindre allusion à la nef dans l'acte de 1261, et des documents précis, retrouvés depuis peu dans les Archives du Gard, nous ont appris à quelle époque la nef avait reçu sa forme actuelle. D'ailleurs une bulle sans date, mais antérieure à 1269, car elle est de Clément IV[2], nous montre qu'on travaillait encore au sanctuaire à la fin du règne de saint Louis[3].

Nous sommes très mal renseignés sur les vicissitudes par lesquelles passa l'abbaye au XIVe et au XVe siècle. Mais nous savons qu'elle eut cruellement à souffrir des troubles qui désolèrent la France à cette époque[4], et qu'en 1417 l'église n'était pas terminée, qu'elle n'était couverte qu'en partie et que son clocher n'était pas achevé[5].

gium sit plurimum oportunum..., » le pape accorde cent jours d'indulgence aux fidèles « qui fabrice ipsius ecclesie manum porrexerint adjutricem... » (Goiffon, *Bull.*, n° CIII, p. 136).

1. C'est la partie que Revoil a reproduite dans un cliché de sa p. 55, mais il est beaucoup trop petit et inexact pour qu'on en puisse juger.

2. Clément IV mourut le 29 novembre 1268.

3. Dans la bulle dont il s'agit le pape gourmande l'abbé qui laisse diperser les pierres destinées à la construction du sanctuaire. « In ecclesiæ tuæ superiore parte quæ caput est omnium platearum, dispergi lapides sanctuarii minime patiaris ; quod profecto contingeret, si tuos monachos illuc ascendere sine causa, ibi currere et discurrere, videri pariter et videre, nugis et fabulis, cachinnis et risibus occupari permitteres... » (Goiffon, *Bullaire*, p. 149). M. l'abbé Nicolas croit que l'église était alors surmontée d'une terrasse (*Constr. et rép.*, p. 19). J'en doute; le lieu où le pape veut que l'abbé défende aux moines de monter me paraît être la partie du sanctuaire à laquelle on travaillait alors, et les vastes échafaudages d'où l'on devait dominer les alentours de l'abbaye.

4. Denifle, *La désolation des églises de France*, t. I, p. 253.

5. Voir la curieuse supplique adressée à l'empereur Sigismond de Luxembourg par l'abbé de Saint-Gilles, et que M. Bondurand a publiée dans le *Bulletin historique du Comité des Travaux hist.*

Les dépenses faites au cours du xve siècle, loin de permettre l'achèvement complet du monument, ne suffirent même pas à le remettre en bon état d'entretien, car le pape Jules II, qui fut abbé de Saint-Gilles avant de monter sur le siège apostolique, constate dans une bulle de l'an 1506 que les moines sont obligés de célébrer les offices dans la crypte, parce que le monument n'est pas terminé et qu'ils ne sauraient trouver dans les revenus ordinaires du monastère les cent mille ducats nécessaires pour le complet achèvement des travaux[1].

Il est bien probable qu'il y a là exagération, les moines pouvaient certainement dire la messe ailleurs que dans la crypte, à moins qu'on ne procédât alors dans l'église haute à quelque gros travail de restauration. Quoi qu'il en soit, les voûtes avaient été remises en état et la couverture refaite[2] depuis quelques années, quand éclatèrent les guerres de religion. Elles furent particulièrement néfastes pour Saint-Gilles. La malheureuse ville, tour à tour prise et reprise par les protestants et les catholiques, fut horriblement saccagée.

En 1562, le monastère fut incendié par les Huguenots. Cet acte de sauvagerie eut lieu le 22 septembre. Le rapport d'un commissaire délégué en 1610 par le Parlement de Toulouse pour faire une

et scient., année 1899, p. 439 et s. On y lit que les revenus de l'abbaye ont tellement diminué que « neque sufficiunt nec sufficere poterunt ad consummacionem mirifici operis ecclesie et campanilis ejusdem monasterii. Quin ymo, illud quod coopertum in eadem cernitur, inevitabilem patitur ruinam quod si corruat..... nunquam de redditibus fabrice ejusdem ecclesie poterit reparari » (*Ibid.*, p. 442). M. l'abbé Nicolas croit que dans ce texte le mot *campanilis* désigne « l'escalier qui conduisait aux tribunes connu dans le monde des arts sous le nom de *vis de Saint-Gilles* ». Cette interprétation me paraît inadmissible; il s'agit certainement ici d'un clocher.

1. « Ecclesia monasterii Sancti Egidii... per clare memorie Carolum magnum Francorum regem miro et sumptuoso edificio construi et edificari cepta fuit, ita ut si juxta illius situm perfecta esset similis structura in toto Francorum regno non inveniretur. Tamen cum prefatus rex opere hujusmodi imperfecto decesserit, abbates seu administratores dicti monasterii... ad tanti edificii perfectionem structurarum in ecclesia hujusmodi non processerunt, neque etiam qui eidem monasterio preerunt in futurum illam perficere poterunt et expensam usque ad summam CM ducatorum propterea necessariam ex fructibus dicti monasterii facere... Propter quod dilecti filii monachi dicti monasterii ecclesia ipsa imperfecta ut perfertur remanente, missas et alia divina officia in cryptis subterrancis ipsius ecclesie celebrant. » (Goiffon, *Bullaire de Saint-Gilles*, p. 237).

2. Les voûtes furent restaurées en 1523, et la charpente en 1530. M. l'abbé Nicolas a publié deux prix-faits conclus à cette occasion (*Constr. et répar.*, p. 23 et 24).

enquête sur l'état de l'église, constate que toutes les voûtes hautes étaient détruites sauf du côté du chœur, où plusieurs chapelles étaient restées debout. Le clocher avait également résisté, il n'y manquait que le sommet de la tourelle d'escalier par laquelle on y accédait [1]. Mais les vandales n'avaient pas dit leur dernier mot. La campagne entamée par Louis XIII contre les protestants fut le signal de nouvelles dévastations. Malgré son état de ruine, l'église formait encore une masse imposante dominant toute la ville, les chefs protestants eurent l'idée de l'utiliser pour leur défense : ils en firent une citadelle. Puis, craignant qu'elle ne vînt à tomber aux mains de l'armée royale et ne fut tournée contre eux, ils prirent le parti de la détruire ; le 20 juillet 1622, le duc de Rohan envoya à M. de Roise « l'ordre de razer à fleur de terre le clocher et le vieux bastiment de l'église, en sorte qu'ils fussent rendus inutiles aux ennemis ». Une vingtaine de maçons se mirent aussitôt à l'œuvre et pendant 10 jours s'acharnèrent après le monument. Le clocher fut miné et renversé, entraînant dans sa chute une partie des constructions voisines, et toute l'église aurait disparu, si l'approche de l'armée royale n'avait obligé les protestants à évacuer Saint-Gilles précipitamment, et mis un terme aux démolitions.

Ce fut en 1650 seulement [2] qu'on put songer à y porter remède, mais quel remède ! On dut démolir les murs latéraux de la nef jusqu'à la naissance des chapiteaux portant les grandes arcades.

Ces arcades furent refaites [3], et c'est alors qu'on donna à leur cintre la forme disgracieuse que Quicherat a injustement attribuée à Martin de Lonay. On ferma la nef par l'horrible mur qui dépare encore aujourd'hui la façade [4]. La porte principale de l'édifice et le grand

1. Nicolas, *Ibid.*, p. 27.

2. M. l'abbé Nicolas a publié dans le *Bull. du Comité de l'art chrétien du diocèse de Nimes*, t. VI, p. 448 et s., le prix-fait passé avec les maçons Jean Gabriel et Pierre Daudet et le charpentier Girardeau pour cette restauration.

3. « Plus abattre les pilliers jusques au chapiteau pour former la naissance des arcs et faire douze arcades pour soutenir le couvert, et bastir au-dessus de l'hauteur convenable pour donner la pante nécessaire au dit couvert. » (*Ibid.*, p. 450).

4. « Pour faire une muraille de refent blanc à travers, d'une extremité de muraihe metresse à

escalier qui donnait accès au portail étaient dans un état lamentable ; on dut par économie remplacer l'escalier par un simple perron conduisant à la porte médiane, à laquelle on remit un trumeau et dont on restaura le tympan en utilisant partie des vieilles pierres. Quant aux deux portes latérales elles furent murées [1].

Le chœur avait sans doute moins souffert que la nef, car ses parties hautes seules paraissent avoir été l'objet de réparations importantes [2]. C'est la Révolution qui y porta le coup fatal [3]. La démolition en fut commencée en 1791, et il n'en resterait rien aujourd'hui, si un notaire de Saint-Gilles, M. Michel, n'avait énergiquement protesté contre la destruction de la fameuse vis de Saint-Gilles et obtenu qu'on en conservât les restes ainsi que la portion attenante de l'ancien transept.

Enfin le curé constitutionnel de Saint-Gilles réclama lui-même en 1792 la destruction des ornements qui, à l'intérieur ou à l'extérieur de l'église, rappelaient « l'odieux souvenir du régime féodal aux yeux des amis de la liberté et de l'égalité ». Satisfaction immédiate lui fut donnée. La dureté des pierres entrava heureusement le zèle des démolisseurs, qui se contentèrent de mutiler les têtes d'une partie des statues, et de renverser deux des colonnes géminées qui font saillie auprès de la grande porte [4].

l'autre, despuis le dessus de la voulte basse, jusques au couvert avec ses portes et fenêtres necessaires, et sera la dite muraillhe espaisse de deux pans et demy. » (*Ibid.*, p. 450).

1. « Tumber les escalliers qui servent de monter à ladite esglise et à l'endroit de la grand porte et les refaire en perron..... Plus refaire la dite grande porte servant d'entrée à la dite église, y mettre au milieu un pillier et au-dessus pour couvert une pierre, ou faire servir les vielhes en cas se trouveront soutenir les arcs et muraillhes qui sont au dessus de la dite porte, bâtir aussi les aultres deux portes en suivant le vieux dessin. » (*Ibid.*, p. 450).

2. « Seront tenus les dits presfachiers de faire le grand hault du cœur de la dite esglise et degrès d'icelluy suivant le devis qu'il leur sera bailhé ; et faire les muraillhes de l'hauteur qui sera nécessaire autour du cœur pour pouvoir poser le balustre du bois de dessus... » (*Ibid.*, p. 451). Un autre contrat du 18 octobre 1658, publié par M. l'abbé Nicolas (*Constr. et répar. de l'église de Saint-Gilles*, p. 31), prévoit la réfection des toitures des chapelles; celles-ci n'avaient donc pas été détruites en 1562.

3. Voir dans les archives de la fabrique de Saint-Gilles, les notes manuscrites de M. Mazer, t. II, p. 130. M. l'abbé Nicolas y a fait de nombreux emprunts.

4. Tous ces détails sont longuement exposés avec pièces originales à l'appui dans la brochure de M. l'abbé Nicolas, p. 32 et suiv.

Les documents publiés par M. l'abbé Nicolas permettent d'apprécier exactement l'étendue de ces dévastations. Ils permettent également de suivre avec précision les travaux de restauration exécutés de 1842 à 1868. M. Marignan a soupçonné Questel et Revoil qui les ont dirigés d'y avoir introduit des morceaux de leur cru. Mais c'est à tort. Ils se sont contentés de remédier aux lamentables désordres que tant d'actes de vandalisme avaient pu occasionner. Ils ont refait l'escalier monumental qui précède la façade, ils ont replacé les colonnes absentes, rétabli un ou deux chapiteaux manquant, complété certains fragments de corniche, reconstitué une ou deux figures d'animaux mutilés. Mais ils n'ont rien ajouté aux bas-reliefs, représentant des scènes de l'Ancien et du Nouveau Testament, ou aux grandes figures d'apôtres, qui forment l'élément essentiel de la décoration.

Si donc on relève des disparates dans ces figures et ces bas-reliefs ou des anomalies dans l'agencement général de la composition, ce n'est pas à des restaurations modernes qu'on doit les attribuer.

Je viens de résumer tout ce que l'on peut tirer des documents actuellement connus pour déterminer l'âge de la façade de Saint-Gilles. Il me reste à examiner dans quelle mesure l'étude archéologique des sculptures confirme ces conclusions.

Une chose me frappe tout d'abord, c'est combien ce vaste ensemble manque d'unité, combien il présente de particularités anormales. Que signifient, par exemple, dans le soubassement, ces médaillons tronqués ? Comment expliquer ces colonnes géminées qui font saillie sur la façade et ne portent rien ? Pourquoi la grande saillie formée sous l'archivolte de la porte médiane [1] par cette frise sculptée, qui s'arrête avant d'arriver aux portes latérales, et se marie si mal avec les traits principaux de la composition ?

Ne serait-ce pas l'indice d'un fait que l'on ne me semble pas avoir soupçonné jusqu'ici mais que tout me paraît confirmer, c'est que cette façade n'est pas une œuvre homogène, conçue et exécutée

1. Voir ci-après, pl. XVII, XVIII, XIX et XX.

en un laps de temps assez court et sous l'inspiration d'un seul maître, mais que la construction en a été lente, qu'elle a été interrompue et reprise plusieurs fois peut-être, et que ceux qui l'ont conduite au point où nous la voyons aujourd'hui ont mêlé leurs conceptions personnelles à celles de leurs devanciers qu'ils connaissaient et interprétaient mal.

L'étude détaillée des figures confirme absolument cette manière de voir. Elles sont l'œuvre de plusieurs mains, et peuvent se classer en plusieurs groupes.

Le premier serait formé par les grandes statues, qui à Saint-Gilles comme à Saint-Trophime d'Arles, garnissent toute la partie inférieure de la façade. Elles sont au nombre de quatorze, soit douze apôtres et deux anges terrassant le démon.

Les apôtres sont disposés quatre par quatre. Les quatre premiers se voient entre la porte du Nord et la porte centrale[1]. Ce sont en commençant par la gauche :

1° Saint Mathieu tenant un livre très mutilé sur lequel on ne distingue plus que les deux lettres Ô P̄ avec une abréviation ;

2° Saint Barthélemy, une banderolle à la main sur laquelle on lit : « Ego Barto[lo]meus apostolus. Ever- « tique quasi converti. » (Fig. 26).

Fig. 26. — Inscription sur une des statues de Saint-Gilles.

3° Saint Thomas tenant un livre sur lequel sont gravés les mots : « Nisi « videro in manibus ejus figuram « clavorum et mittam digitum meum « in locum clavorum et manum meam in latus ejus non credam. »

4° Saint Jacques le mineur, en costume épiscopal, nu-tête, tenant un calice des deux mains. Son nom est inscrit sur son nimbe : « Ja- « cobus frater domini [ier]osolim[it]anus episcopus. »

Les quatre suivants décorent deux à deux les montants de la porte principale[2]. Ce sont :

1. Voir la planche XVII.
2. Voir les planches XVIII et XIX.

1° Saint Jean l'évangéliste tenant un livre sur lequel on lit les premiers mots de son évangile : « In principio erat Verbum. » (Fig. 27).

2° Saint Pierre, les clefs à la main ;

Fig. 27. — Inscription sur une des statues de Saint-Gilles.

3° Saint Jacques le mineur, tenant un livre sur lequel on lit un verset de l'épitre qui lui est attribuée : « Omne datum optimum, et omne « donum perfectum des[1] ». — Le reste du verset se continue sur son nimbe : « ur]sum est des- « cendens a patre luminum[2] » (fig. 28).

4° Saint Paul tenant une banderole avec les mots : « Gratia Dei sum id quod sum. »

Enfin les quatre autres se suivent entre la porte centrale et celle du Sud[3]. Ils n'ont aucun attribut qui permette de les distinguer et les livres ou les cartouches qu'ils tiennent n'ont pas reçu d'inscriptions[4].

Ces statues ne sont pas toutes d'égale valeur et ne sortent pas toutes du même ciseau, mais elles ont un air de parenté assez manifeste pour qu'on puisse affirmer qu'elles sont l'œuvre d'un même atelier, et qu'elles ont toutes été exécutées à la même époque.

On peut les attribuer à deux ou trois artistes différents : le plus habile d'entre eux s'est fait connaître. Il se nommait *Brunus,* il a signé les deux statues les plus voisines de la porte septentrionale[5]. C'est sans doute à lui qu'il faut également faire honneur des quatre apôtres qui flanquent la porte centrale[6].

1. *Ep. S. Jacobi,* I, 17.
2. *Ep. I ad Corynth.,* XV, 10.
3. Voir la planche XX.
4. C'est donc arbitrairement que M. Marignan (*op. cit.,* p. 44) a cru y reconnaître saint Simon, saint Philippe et saint Mathieu, en oubliant saint André. Saint Mathieu étant toujours représenté avec son évangile à la main doit être cherché dans une des figures qui tiennent un livre soit la première dont M. Marignan a fait saint Jude sans aucun motif, soit la 10e ou la 12e.
5. La signature qui accompagnait la statue de saint Barthélemy est presque effacée, mais elle est certaine.
6. Le saint Pierre n'a pas tout à fait le même aspect que les autres statues de Brunus. La sculpture en est plus plate, mais la tête est fort belle et sûrement de la même main que celles de

Fig. 28. — Saint Jacques le mineur et saint Paul, statues de la façade de Saint-Gilles.

On ne saurait, par contre, lui attribuer la statue de saint Thomas, dont la pose gauchement contournée ressemble si peu à l'attitude pleine d'aisance et de naturel des figures précédentes. J'en dirai autant du saint Jacques qui suit saint Thomas. C'est une figure plate, médiocrement dessinée, la moins bonne assurément de toute la suite des Douze.

Les quatres apôtres indéterminés qui occupent la partie droite de la façade sont égalcment des œuvres sensiblement inférieures à celles que Brunus a signées.

L'une d'elle présente une particularité digne d'être signalée et que nous avons déjà rencontrée dans le saint Thomas. Elle a les jambes croisées. Mais ce n'est peut-être pas une preuve suffisante pour les attribuer toutes deux au même ciseau, car la seconde a plus de relief que la première, la sculpture en est plus nerveuse, le dessin plus correct, et les plis des draperies traités d'une façon toute différente.

Le plus probable est que Brunus a eu deux collaborateurs dont l'un a exécuté les statues de saint Thomas et de saint Jacques, l'autre les quatre figures d'apôtres que l'absence d'inscriptions ou d'attributs ne permet pas d'identifier.

Restent les deux anges combattant le démon qui se trouvent auprès des portes secondaires, aux deux extrémités de la façade. Leur facture diffère sensiblement de celle des autres statues. Elles sont très mouvementées, mais d'un dessin peu correct, les têtes ont peu d'expression, leur physionomie offre peu de rapport avec celles des figures d'apôtres, mais elles rappellent d'une façon frappante certaines figures conservées au musée de Toulouse[1], et cette ressemblance paraîtra plus marquée encore si on considère attentivement le

saint Jean, de saint Jacques et de saint Paul. Or celle de saint Paul doit être l'œuvre de Brunus car on retrouve au bras gauche une façon particulière de plisser les étoffes qui se remarque à la jambe gauche de la statue signée par Brunus. La statue de saint Pierre n'est pas, il est vrai, accompagnée d'inscriptions, comme les autres statues sorties du ciseau de Brunus, mais je ne pense pas que cela suffise à empêcher d'y voir une œuvre de ce maître.

1. Voir notamment l'Annonciation inscrite sous le n° 736 du Catalogue de M. Roschach.

monstre que combat l'ange de droite, et dont un proche parent est conservé dans ce même musée[1].

Il y a donc eu trois ou quatre auteurs différents qui ont travaillé aux grandes figures de la façade de Saint-Gilles. Tous étaient contemporains et devaient obéir à un chef unique, Brunus, le plus habile de la bande. C'est sans doute cette unité de direction[2] qui explique l'unité d'aspect de ces figures, dans lesquelles on retrouve certains traits communs qui permettent d'affirmer leur communauté d'origine[3].

Et maintenant quelle est leur date? Je la crois assez voisine de l'époque où l'on élevait dans la crypte cette saillie du mur de façade correspondant à la saillie formée par les colonnes géminées du portail. J'ai pour cela plusieurs raisons. La première, c'est qu'il y a ici unité de conception dans les dispositions architectoniques. La seconde c'est que toutes ces figures sont encore romanes d'aspect, que ces apôtres sont encore chaussés de sandales conformément à l'ancienne mode qui disparut pendant la seconde moitié du XIIe siècle. Enfin j'en trouve une troisième et c'est la plus forte de toutes, dans le style des inscriptions qui accompagnent ces statues. Elles n'ont rien encore de l'épigraphie du XIIIe siècle ; on n'y trouve même pas les formes communes dans la seconde moitié du XIIe et dont les inscriptions du cloître d'Arles offrent des spécimens.

Bien au contraire, par son système d'abréviations et de ligatures, par l'emploi simultané du E carré et du C rond, par la forme particulière des quelques lettres qui tournent à l'onciale comme le T ou l' M, on peut dire que le sculpteur obéit aux traditions du milieu du XIIe siècle et non de la fin, et qu'il n'a pu travailler bien longtemps après le lapicide qui gravait en 1142 les épitaphes que j'ai relevées

1. Voir la figure de crocodile provenant de Saint-Sernin et inscrite sous le n° 702 du Catalogue de Roschach.

2. Le fait qu'on a, par erreur, représenté deux fois saint Jacques le Mineur, et omis saint Jacques le Majeur, ne saurait, il me semble, empêcher d'admettre cette unité de direction. C'est seulement une preuve de plus de la collaboration de plusieurs artistes.

3. Par exemple cette espèce de console qui sert d'appui à la tête de chaque personnage et le socle arrondi sur lequel ils sont posés.

dans la crypte. L'archéologie est donc ici pleinement d'accord avec l'histoire :

C'est au milieu ou plutôt dans le troisième quart du XIIe siècle que Brunus et ses collaborateurs ont travaillé au portail de Saint-Gilles ; quoi qu'on ait pu en dire, leur œuvre est donc certainement antérieure aux sculptures d'Arles.

La frise sculptée qui se développe au-dessus des statues des apôtres et se continue sur le linteau de la porte centrale forme un second groupe dont les caractères diffèrent sensiblement de ceux du précédent[1].

On y voit d'abord, en commençant par la gauche, deux scènes qui représenteraient, d'après M. Marignan, l'Enfant prodigue réclamant à son père sa part légitime, et le père de l'Enfant prodigue lui remettant de l'argent. Pour moi, il s'agit de Judas rapportant l'argent qu'on lui a donné pour trahir le Christ[2]. Mais cette scène n'est pas à sa place, car la suivante nous montre Jésus chassant les vendeurs du Temple ; Marthe et Marie se prosternant au pied du Christ ; la résurrection de Lazare ; enfin, sur le retour d'angle le reniement de saint Pierre.

Le linteau de la porte centrale nous montre le Christ lavant les pieds de ses disciples et la Cène.

Puis la frise se continue à droite avec le Baiser de Judas, le Christ devant Pilate, la Flagellation et le Portement de croix.

Je ne parlerai pas du tympan : c'est un composé de débris informes grossièrement replacés et sans doute très dénaturés lors de la restauration, qui eut lieu en 1650, quand on refit la grande porte et son trumeau[3].

1. J'en ai fait reproduire les scènes principales dans la planche XXI.

2. Que viendrait faire ici l'Enfant prodigue alors que toutes les scènes sont empruntées à la vie du Christ.

3. Le document qui nous l'apprend nous dit que l'on employa une partie des vieilles pierres à la restauration (Voir ci-dessus, p. 101, note 1).

La frise au contraire mérite un sérieux examen, car c'est surtout en la considérant qu'on arrive à la conviction que ce vaste portail n'a pas été exécuté d'un seul jet, mais qu'on a dû s'y reprendre à plusieurs fois.

Une chose est d'abord évidente, c'est que l'on ne saurait attribuer toutes ces scènes à la même main, bien qu'elles appartiennent au même cycle iconographique et que, par leur agencement, par la forme des moulures et des ornements qui les encadrent, elles relèvent d'une même inspiration.

La plupart ont beaucoup souffert, une seule est intacte, elle représente le Baiser de Judas, et se voit sur le retour d'angle à droite du linteau de la porte centrale[1]. Le style en est étrange. Le costume des personnages convient bien à l'époque romane. Mais le faire de la sculpture, le rendu des draperies, l'expression des têtes ont quelque chose d'insolite. Les physionomies du Christ et des gens qui l'entourent feraient presque supposer une imitation moderne d'une œuvre ancienne. Les deux juifs placés derrière le Christ avec leur moustache et leurs cheveux bouclés ressemblent plus à des bonshommes du temps de Louis XIII qu'à des figures du temps de Philippe-Auguste. Enfin, chose remarquable, alors que toutes les statues et tous les bas-reliefs de ce portail ont beaucoup souffert, qu'il n'y a pas une seule tête dont le nez, à tout le moins, ou le menton n'ait disparu, ici on ne constate aucune égratignure, aucune épaufrure; les figures sont aussi nettes que le jour où elles sortirent du ciseau de l'artiste.

Qu'en conclure? Seraient-elles postérieures aux autres? N'existaient-elles pas au moment où l'abbaye eut à subir les actes de vandalisme qui l'ont mise en si triste état?

Un détail donnerait à le croire, la moulure qui les surmonte n'est pas semblable à celle des parties attenantes, elle n'a pas le même profil, elle n'est pas comme elle ornée d'oves. Mais cette même par-

1. Voir ci-après, pl. XXI, fig. 3.

ticularité se présente à gauche du linteau, au retour d'angle sur lequel on voit le Christ prédisant le renoncement de saint Pierre, et la résurrection de Lazare[1]. Or dans ces derniers bas-reliefs on ne peut hésiter à voir des œuvres du moyen âge.

Et puis, si le Baiser de Judas est une restitution moderne, quand a-t-on pu la faire ? En 1650, lorsque la porte fut réparée ? Mais si on avait songé à cette époque à refaire quelque partie de sculpture, on se serait attaqué au tympan, qui attire tous les regards, plutôt qu'à cette portion de frise peu en vue. Serait-ce une restauration datant du XIXe siècle ? on serait tenté de le croire en voyant que ce morceau a échappé seul au vandalisme révolutionnaire qui s'est si fâcheusement exercé sur toutes les sculptures voisines ? Mais l'église de Saint-Gilles est restée à l'abandon jusque vers 1840, et nous pouvons affirmer que depuis cette date aucun des bas-reliefs n'a été touché.

Aussi personne n'a songé à voir dans ce morceau une œuvre moderne, et M. Marignan lui-même ne lui donne pas une date différente de celle qu'il assigne aux scènes voisines. C'est pour lui du XIIIe siècle ; mais il sent si bien qu'une pareille date est peu vraisemblable, qu'il avoue être *surpris* du caractère étrange de ces figures et qu'il supposerait « que cette partie appartient au XIVe siècle, tant est rare la manière de traiter ainsi le visage au commencement du XIIIe siècle[2] ». Mais, si nous trouvons quelque chose d'insolite dans plusieurs de ces visages, ne serait-ce pas seulement parce que nous connaissons mal la sculpture méridionale du XIIe siècle, que nous en parlons toujours d'après un nombre trop restreint de types, et que les spécimens bien conservés en sont fort rares. Je puis, au surplus, en citer au moins un où l'on remarque des physionomies analogues, c'est à Beaucaire, j'y reviendrai plus loin, et de tout cela je conclus que l'on ne saurait distraire le Baiser de Judas de l'ensemble dont il fait partie.

1. Voir planche XXI, fig. 2.
2. *L'école de sculpture en Provence*, p. 38.

Cet ensemble peut être réparti en deux groupes bien distincts. Les bas-reliefs du côté gauche sont d'une exécution médiocre, les figures sont lourdes, beaucoup présentent des réminiscences marquées de la sculpture gallo-romaine ; les têtes sont trop grosses pour la longueur des corps ; l'expression des visages manque de distinction ; les plis des vêtements sont médiocrement dessinés ; les animaux que le Christ chasse du Temple sont d'une facture très défectueuse et qui contraste avec l'élégance des lionceaux rampant sur la moulure qui court au-dessous de la frise[1].

Tout cela dénote un artiste de second ordre, fidèle à la technique romane[2], mais moins imbu des traditions gallo-romaines que beaucoup de ses émules du Midi, les auteurs de la façade de Saint-Trophime en particulier.

Les bas-reliefs du côté droit sont bien supérieurs. L'influence gallo-romaine ne s'y fait plus sentir[3]. Les personnages sont pleins de mouvement et de vie ; les draperies exécutées avec autant de finesse que d'élégance. Certains, comme le bourreau qui lève le martinet pour frapper le dos du Christ[4], sont dessinés avec un art remarquable, qui rappelle les meilleures œuvres de l'école de Bourgogne ou de l'Ile-de-France.

La différence d'aspect entre ces bas-reliefs et ceux du côté gauche est assez grande pour qu'on puisse se demander s'ils sont de même date ou s'il n'y a pas eu interruption des travaux pendant quelques années, soit que les ressources aient manqué pour mener à bonne fin d'un seul coup une si vaste entreprise, soit plutôt que quelque accident, quelque injure grave dont cette façade aura souffert, ait rendu nécessaires d'importantes restaurations.

Et ce qui confirmerait cette dernière hypothèse, c'est la forme

1. Voir ci-après pl. XXI, fig. 1.

2. Notons comme traits caractéristiques les coups de trépan employés pour figurer les galons qui ornent le vêtement du Christ et d'un des vendeurs chassés du Temple.

3. Je diffère ici complètement d'avis avec M. Marignan qui, à propos de la Flagellation, prétend que le sculpteur « a copié des bas-reliefs gallo-romains » (*op. cit.*, p. 40).

4. Voir ci-après pl. XXI, fig. 4.

de l'archivolte qui surmonte la porte principale. Sûrement elle n'a pas été faite par l'architecte qui a construit les piédroits, car la disposition de ceux-ci indique une archivolte à voussure très profonde comme celle de la porte de Saint-Trophime [1], tandis que celle qui existe aujourd'hui est d'un autre type, comportant des piédroits à plusieurs ressauts, comme l'église Sainte-Marthe de Tarascon en offre un si beau modèle [2].

La date du portail de Tarascon est connue, il a été élevé dans les dix dernières années du XIIe siècle [3]. Il est bien probable que l'archivolte de la porte de Saint-Gilles n'est pas beaucoup plus ancienne, et il est fort possible que la portion de la frise où se voient la Flagellation et le Portement de croix soit à peu près du même temps. Il n'y a rien en effet dans tout l'ensemble du portail qui ressemble autant à l'art du XIIIe siècle, et l'on viendrait à soutenir que, restée inachevée par suite des difficultés auxquelles l'abbaye fut aux prises depuis 1180 environ jusqu'à la fin de la guerre des Albigeois, cette portion de la façade fut reprise et sculptée seulement vers 1220, je n'en serais point autrement surpris. Je ne saurais pourtant me rallier à cette hypothèse, car, malgré leur supériorité incontestable, ces sculptures rappellent encore par assez de traits celles qui leur font pendant du côté gauche [4] pour que l'on ne puisse croire qu'un intervalle très long se soit écoulé entre l'exécution des unes et des autres.

Cette opinion d'ailleurs est confirmée par la façon dont les vêtements sont dessinés, la finesse des plis et les festons délicats qu'ils forment au bas de la robe de Pilate ou du vêtement de l'un des bourreaux, et qui rappellent la manière dont Brunus a traité les draperies de ses grandes figures.

1. Voir pl. XII.
2. Voir pl. XVI.
3. Cf. ci-dessus, p. 74.
4. On retrouve, de part et d'autre, des broderies figurées à coup de trépan. La tête du Christ conduit devant Pilate a le même type que dans la scène du Temple. Un des bourreaux du Portement de croix a des chausses plissées en biais comme un des vendeurs chassés du Temple. Le personnage qui semble parler à l'oreille de Pilate a une physionomie lourde que l'on retrouve dans plusieurs têtes de la frise de gauche.

Passons aux deux portes latérales[1].

Elles ont une grande unité d'aspect : linteau, tympan, archivolte, piédroits s'accordent admirablement et comme composition et comme exécution.

A gauche, le tympan représente l'Adoration des mages ; le linteau, l'Entrée du Christ à Jérusalem. A droite, on voit sur le tympan le Christ en croix entouré de la Vierge, de saint Jean, de l'Église et de la Synagogue ; sur le linteau, les Saintes femmes achetant des parfums, et les Saintes femmes au tombeau ; sur les deux retours d'angle, la Madeleine aux pieds du Christ, et le Christ apparaissant à ses disciples. M. Marignan, en décrivant ces scènes, accumule les raisons pour attribuer le tout au XIIIe siècle. Il relève dans la porte de gauche : l'élégance des Rois Mages, leur costume, la forme de leurs souliers, l'ange qui, à droite de la Vierge, vient parler à saint Joseph, la coiffure de ce dernier qui est la « calotte à tranches » que porte un des personnages du cloître d'Arles[2], enfin la porte de ville figurant l'entrée de Jérusalem, avec ses chemins de ronde, ses créneaux, ses machicoulis et les deux petits personnages qui contemplent l'arrivée du Christ[3]. Pour la porte de droite, M. Marignan va plus loin encore : ce Christ en croix, aux jambes fines et sèches, au torse nu sur lequel l'artiste a figuré les côtes et les plis du ventre, aux reins entourés d'un linge qui tombe au-dessous du nombril, tout cela dénote, à son avis, une époque plus récente que le commencement du XIIIe siècle[4].

Quant aux Saintes femmes représentées sur le linteau, leurs vête-

1. Voir ci-après planche XXII.

2. Marignan, *L'école de sculpture en Provence*, p. 33 et 34.

3. *Ibid.*, p. 35. M. Marignan demande où on pourrait trouver au XIIe siècle un pareil soin du détail, une pareille copie de la vie de tous les jours. Il oublie que cette habitude de meubler de petites figures les constructions qui représentent les villes est une très vieille tradition qui s'est transmise de l'art romain à l'art byzantin, et dont les miniatures et les ivoires nous prouvent que le souvenir ne s'est jamais perdu.

4. Une telle représentation, « impossible au XIIe siècle, serait même improbable dans le premier tiers du XIIIe siècle ». La façon dont la Vierge et saint Jean sont drapés « conviendrait beaucoup mieux au milieu du XIIIe siècle » (*Ibid.*, p. 41).

ments, la façon dont ils sont drapés, nous reporteraient vers la fin du XIIIe siècle [1].

Personne, je crois, n'acceptera de pareilles exagérations. Aucun des détails que M. Marignan a relevés si consciencieusement n'est en effet caractéristique du XIIIe siècle et exclusif du XIIe.

Les deux grandes scènes des tympans sont conçues dans la donnée romane. Les rois mages ont le costume du XIIe siècle ; la Vierge avec l'enfant Jésus posé sur son genou gauche, assise sur un siège à quatre montants chacun surmonté d'une boule, est un type bien connu de cette époque [2]. L'ange qui vient avertir Joseph de fuir Hérode est un proche parent des anges du Jugement dernier à la porte de gauche du Portail royal de Chartres. Quant à la scène de la crucifixion, en quoi son style est-il inconciliable avec le XIIe siècle ? M. Marignan s'étonne de ce réalisme qui nous permet de compter les côtes du Christ et laisse voir son corps nu jusqu'au-dessous du nombril. Mais est-ce chose si rare au XIIe siècle ? La recherche de la vérité anatomique n'est-elle pas aussi marquée dans bon nombre de sculptures romanes ? Et n'avons-nous pas, dans l'école de Bourgogne en particulier, plus d'un exemple analogue et dont le réalisme est même plus accentué encore [3]. Enfin comment négliger les arguments bien autrement probants qui nous sont fournis par la longueur du linge qui ceint les reins du Christ, et tombe bien au-dessous des genoux, par la représentation du soleil et de la lune au-dessus des bras de la croix conformément à la tradition léguée par les artistes carolingiens à leurs successeurs du XIe et du XIIe siècle.

Comment n'être pas frappé des réminiscences gallo-romaines si sensibles dans certaines scènes ? N'est-ce pas, avec une exécution meilleure le même art, le même style qu'au portail d'Arles ? Les

1. *Ibid.*, p. 43.

2. Je citerai comme ayant la même attitude la superbe Vierge du XIIe siècle, provenant de Saint-Martin-des-Champs et aujourd'hui conservée à Saint-Denys. J'en ai donné une héliogravure dans la *Gazette archéologique*, année 1884, pl. 42.

3. Faut-il rappeler ce curieux Christ en bois publié jadis par Courajod dans la *Gazette archéologique* (1884, pl. XIV) et que tout le monde à sa suite a toujours attribué au XIIe siècle.

disciples qui accompagnent le Christ entrant à Jérusalem se suivent à la file, pressés les uns contre les autres, tous semblables, tous animés du même mouvement, comme les files de damnés et d'élus qui couvrent la frise du portail de Saint-Trophime. Comment supposer que de bien longues années aient pu s'écouler entre ces deux œuvres? Et cette impression s'impose avec plus de force encore si l'on compare les détails d'ornement qui concourent à l'éclat de ces deux belles pages. Même type de chapiteaux corinthiens, mêmes bandeaux décorés de feuilles d'acanthe, mêmes grecques, mêmes colonnes dont la base est portée sur des socles couverts de sculptures, mêmes lions accroupis de part et d'autre de l'entrée principale de l'église.

La conclusion s'impose : la façade de Saint-Trophime, je l'ai démontré, a été sculptée dans le dernier quart du XIIe siècle ; on ne peut songer à attribuer les deux portes latérales de Saint-Gilles à une époque plus tardive.

En résumé, le portail de Saint-Gilles est bien une œuvre du XIIe siècle. Il n'a pas été élevé d'un seul jet, mais sa construction s'est poursuivie avec diverses interruptions pendant toute la seconde moitié du XIIe siècle.

Ses principales dispositions architectoniques et, en tout cas, la saillie de la partie centrale étaient prévues dès 1140.

Les grandes figures d'apôtres, en particulier celles dues à Brunus, ne sauraient être postérieures de beaucoup à 1150.

La frise qui les couronne est moins ancienne. La partie de gauche et, plus encore, les linteaux et les tympans des portes latérales offrent des analogies marquées avec le portail de Saint-Trophime, qui fut commencé, nous l'avons vu, vers 1180. La partie de la frise à droite de la porte centrale et l'archivolte de cette porte peuvent être de date encore postérieure et assez voisine de la fin du XIIe siècle[1].

1. Je ne veux pas terminer ce chapitre sans remercier M. Roman, l'habile photographe d'Arles, qui m'a obligeamment permis de reproduire les remarquables clichés qu'il a pris de la façade de Saint-Gilles.

CHAPITRE VI

QUELQUES AUTRES SCULPTURES ROMANES DU BASSIN DU RHONE

NIMES

J'ai dit en commençant qu'il y avait dans le bassin du Rhône un certain nombre de sculptures dont l'âge exact est inconnu, mais que l'on a pris l'habitude de placer au milieu du XIIe siècle à cause des ressemblances qu'elles présentent avec les statues d'Arles ou de Saint-Gilles et de l'âge qu'on prête communément à ces dernières.

M. Marignan, datant Arles et Saint-Gilles du premier quart du XIIIe siècle, a prétendu ramener au début du règne de saint Louis la plupart des œuvres en question, par exemple les quatre figures d'apôtres du portail de Saint-Barnard à Romans (Drôme)[1]; la frise de la façade de la cathédrale de Nimes[2]; la porte de la cathédrale de Maguelonne[3]; les statues de Saint-Guilhem du Désert[4]; la Vierge à l'Enfant de l'église de Beaucaire[5]; les grandes figures du cloître de Montmajour[6] et du cloître d'Aix[7].

Mais on ne saurait procéder d'une façon aussi sommaire, car ces œuvres diverses sont loin d'être absolument contemporaines, et si

1. *La sculpt. en Provence*, p. 48-50.
2. *Ibid.*, p. 50-51.
3. *Ibid.*, p. 55, note 1.
4. *Ibid.*, suite de la même note, § 5.
5. *Ibid.*, § 6.
6. *Ibid.*, § 8.
7. *Ibid.*, § 9.

nous manquons de textes explicites pour en établir la chronologie exacte, nous possédons cependant des éléments assez certains pour pouvoir les classer dans leur ordre d'ancienneté relative.

Ainsi la façade de la cathédrale de Nimes doit sans doute être rangée en tête de la série. Il en reste bien peu de choses malheureusement, car elle a cruellement souffert des luttes religieuses du XVIe siècle, et plus de la moitié des petites scènes empruntées à la Genèse qui décorent la frise du pignon[1] ont été restituées au XVIIe siècle d'après les débris des bas-reliefs primitifs[2]. Les autres sont de la sculpture romane très fortement imprégnée de l'art gallo-romain. Le style en est plus archaïque que celui des figures d'Arles et de Saint-Gilles et M. Marignan aurait sans doute hésité à voir dans cette décoration un travail des dernières années du XIIe siècle, si aux considérations esthétiques fort peu convaincantes qu'il invoque[3] il n'avait pu joindre le témoignage d'une inscription qui prouverait, d'après lui, que la cathédrale de Nimes fut reconstruite par le fils d'Alphonse Jourdain, comte de Toulouse, Pons, mort en 1203[4].

Malheureusement cette assertion est erronée ; elle résulte d'une mauvaise interprétation de cette inscription. Le fondateur de la cathédrale actuelle de Nimes n'est pas Pons, mais son grand-père Raymond de Saint-Gilles, qui devint comte de Nimes en 1066 et

1. Elle a été à deux reprises successives victime des fureurs d'un vandalisme aveugle en 1567 et en 1622. M. Marignan se trompe donc en fixant à 1560 environ la restauration de la frise (*La sculpt. en Provence*, p. 50).

2. Les seuls bas-reliefs remontant au XIIe siècle sont les suivants : 1° la tentation d'Adam et Eve ; 2° Adam et Eve méditant sur leur faute (Gen., III, 7) : 3° Adam et Eve cachant leur nudité ; 4° Adam et Eve chassés du Paradis ; 5° le sacrifice de Caïn et d'Abel ; 6° le meurtre d'Abel. Les onze scènes qui suivent datent de la reconstruction de la cathédrale par M[gr] d'Ouvrier en 1646 (abbé Durand, *La cath. de Nimes*, dans le *Bull. du Comité de l'Art chrétien du dioc. de Nimes*, t. VI, p. 278 et s. avec 2 pl.).

3. Le modelé des figures, dit-il, « indique un at[illegible]r *déjà* nourri des procédés antiques » (*op. cit.*, p. 51). Ce n'est pas *déjà* qu'il faut dire, mais *encore*, car les imitations de l'antique sont autrement communes dans le Midi de la France au XII[e] siècle qu'au XIII[e]. — « L'arbre qui représente le Paradis a au bas un crochet dont le dessin de la tige est semblable à ceux que les artistes du XIIIe siècle plaçaient aux chapiteaux des églises gothiques » (*Ibid.*). Erreur, ce prétendu crochet est une palmette comme on en voit nombre d'exemples dans les chapiteaux romans.

4. *Op. cit.*, p. 51, note 1.

mourut en 1105. Pour s'en convaincre, il suffit de lire attentivement le texte du document dont il s'agit : c'est l'épitaphe de Pons qui se voyait jadis sur une des pierres de la cathédrale et dont le texte nous a été conservé par Dom Vaissette. Elle est ainsi conçue :

« Anno Domini M° CC° tertio, die xvi aprilis retro hunc lapidem fuit sepultus corpus domini Pontii, filii illustris Ildefonsi ducis Narbonne, de stirpe pie memorie illustris domini Raimundi, comitis Tolose, marchionis Provincie et ducis Narbonne, almi fundatoris hujus sancte sedis Nemausensis ecclesie ad honorem Virginis Marie constitute in qua Deo famulantur viri unanimiter sub regula beati Augustini viventes, quorum et omnium fidelium defunctorum animabus quesumus, domine Deus, requiem concedas perpetuam ut quod in terris speraverunt et crediderunt videant per Jesum Christum dominum nostrum. Amen [1]. »

Les mots *almi fundatoris*, etc., ne se rapportent pas plus à Pons que les mots *marchionis Provincie*. C'est à Raymond qu'ils s'appliquent et c'est parce qu'on le considérait comme le principal bienfaiteur de la cathédrale de Nimes qu'on a jugé bon de rappeler que Pons était son descendant.

Je n'oserai tirer argument de cette épitaphe pour me ranger à l'opinion qui recule jusqu'au XIe siècle cette partie de la façade de la cathédrale [2]; mais on peut encore moins l'invoquer pour faire descendre la construction à la fin du XIIe siècle. Le plus vraisemblable est que l'église commencée du vivant de Raymond de Saint-Gilles n'a vu bâtir et décorer sa façade que vers le milieu du XIIe siècle.

BEAUCAIRE

Je n'attribuerai pas à une date plus récente la curieuse Vierge qui ornait au début du XIXe siècle le portail de l'église Notre-Dame

1. *Hist. du Lang.*, éd. Privat, t. V, p. 1308.
2. C'est l'opinion exprimée tout récemment encore par M. l'abbé Durand (*Bull. du Comité de l'art chrét. du dioc. de Nimes*, t. VI, p. 473).

des Pommiers à Beaucaire. Millin, qui la vit encore en place, nous apprend qu'elle était accompagnée de deux autres bas-reliefs représentant, l'un l'Adoration des mages, l'autre, l'Ange ordonnant à saint Joseph d'emmener en Egypte la Vierge et son divin Enfant[1]. Il ne reste rien de ces deux scènes; mais en revanche, on possède encore un long fragment de frise, dont Millin ne parle pas et qui se trouvait sans doute dans quelque place analogue à celle qu'occupent à la façade de la cathédrale de Nimes les bas-reliefs dont je viens de parler.

L'église Notre-Dame de Beaucaire fut complètement reconstruite en 1754; on encastra alors les restes de cette frise dans le mur oriental du nouvel édifice à une hauteur d'une quinzaine de mètres. L'étroitesse de la rue qui longe cette partie du monument les rend difficiles à voir, ce qui explique qu'ils soient si longtemps restés inédits malgré leur intérêt et leur bon état de conservation. Mais récemment M. l'abbé Amat, curé de Verfeuil, en a réussi de bonnes photographies[2], qui ont permis à M. le chanoine Durand, de Nimes, de faire connaître ce curieux spécimen de la sculpture méridionale[3] (fig. 29-31).

Les morceaux conservés de cette frise représentent :

1° Le Christ en présence de trois apôtres assis et qui tiennent chacun un livre. Un coq debout au pied de l'un des apôtres m'engage à croire qu'il s'agit du Christ prédisant le reniement de saint Pierre. C'est ainsi du reste que j'ai interprété un bas-relief de la façade de Saint-Gilles où les mêmes personnages se retrouvent dans la même attitude[4]. M. le chanoine Durand a vu dans cette scène la désignation de saint Pierre comme chef de l'Église. Mais alors, que fait ici le coq, et pourquoi le prince des

1. Millin, *Voy. dans les dép. du Midi*, t. III, p. 434.

2. Il a bien voulu m'en donner communication par l'obligeant intermédiaire de M. l'abbé Nicolas, curé de Saint-Gilles.

3. *La frise du XIe siècle à Notre-Dame de Beaucaire*, dans le *Bull. du Comité de l'art chrétien du diocèse de Nimes*, t. VII, p. 209 à 214.

4. Voir ci-dessus p. 108 et pl. XXI.

apôtres ne tient-il pas les clefs qui ont toujours été le symbole de sa primauté ?

2° Le Lavement des pieds.

1 2 3

Fig. 29. — Frise de l'église Notre-Dame, à Beaucaire.

3° La Cène, très beau tableau, bien conservé, et qui présente plusieurs particularités intéressantes au point de vue iconographique. Ainsi saint Jean, qui est couché sur la poitrine du Christ, semble avoir la figure barbue contrairement à la tradition habituellement suivie à l'époque romane[1].

4° Un fragment comprenant quatre personnages, et les restes d'un cinquième qui brandissait une épée. J'y verrais volontiers un morceau provenant d'une des scènes que nous allons trouver plus loin, l'arrestation du Christ, ce serait l'épisode de Malchus.

5° Deux figures dans lesquelles M. le chanoine Durand reconnaît avec quelque vraisemblance Judas venant proposer aux princes des prêtres de leur livrer Jésus.

4 5 6 7 8

Fig. 30. — Frise de l'église Notre-Dame, à Beaucaire.

1. A l'époque carolingienne au contraire, saint Jean l'évangéliste est aussi souvent représenté

6° Le Baiser de Judas et l'arrestation du Christ qu'il faut sans doute compléter avec le groupe dont j'ai parlé plus haut (n° 4) et avec deux autres figures que l'on a jointes à tort au Portement de croix qui vient plus loin.

7° Le Christ conduit devant Caïphe.

8° La Flagellation dont il ne subsiste que la figure du Christ attaché à la colonne.

9° Le Portement de Croix, groupe auquel M. le chanoine Durand attribue six figures : le Christ, la croix sur l'épaule, deux bourreaux tenant le marteau et les clous, et trois autres tournant le dos aux premières figures et portant l'un des cordes, le second une

9 10 11

Fig. 31. — Frise de l'église Notre-Dame, à Beaucaire.

hache, et le troisième, dit M. Durand, l'éponge emmanchée au bout d'un bâton. Mais, pour moi, ces trois dernières figures n'appartiennent pas au Portement de Croix, car, au lieu de marcher dans le même sens que le Christ et les deux bourreaux qui le suivent, elles vont en sens contraire, ce qui prouve bien qu'elles ne font pas partie de la même scène. De plus j'ai peine à reconnaître l'éponge emmanchée au bout d'un bâton dans l'objet que tient l'un de ces trois personnages ; cela me paraît être plutôt un cierge allumé ou une torche. J'en conclus que ce personnage, comme celui qui le suit et qui est sculpté dans le même morceau de pierre, faisait partie du Baiser de Judas. Quant au troisième, il faut sans doute le rattacher à la

barbu qu'imberbe. On en peut juger par les miniatures des évangéliaires du IXe et du Xe siècle (Bibl. nat., ms. lat. 265, fol. 176 v° ; ms. lat. 17968, fol. 125 v°. Bibl. de l'Arsenal, ms. 1171. Évang. de saint Paul-hors-les-murs reprod. par Westwood, pl. XXIX, etc.).

scène qui venait primitivement avant le Portement de croix et qui pouvait être l'Ecce homo ou la Flagellation ;

10° Les Saintes femmes au tombeau ;

11° Les Saintes femmes achetant les parfums qu'elles vont porter au tombeau du Christ, scène que nous avons déjà vue représentée à Arles, et qui ici est évidemment transposée, car l'achat des parfums a naturellement précédé la visite au Tombeau.

La description sommaire que je viens de faire permet d'apprécier l'étendue des lacunes qui déparent ce curieux ensemble et dont les deux plus considérables doivent être l'Entrée du Christ à Jérusalem et la Crucifixion. Elle permet en même temps de constater l'importance de ce qui nous reste, et qui est d'autant plus digne d'attention que la plupart des figures sont relativement bien conservées et que les têtes ont peu souffert.

Comme style, cette frise rappelle à la fois celle de la cathédrale de Nimes et les bas-reliefs de la façade de Saint-Gilles. Comme date, elle tient sans doute le milieu entre ces deux suites. C'est avec la seconde toutefois qu'elle a le plus de rapports, surtout au point de vue iconographique, car presque toutes les scènes conservées à Beaucaire se retrouvent à Saint-Gilles, et elles y sont conçues suivant les mêmes données.

Ainsi la première, où j'ai cru reconnaître le Reniement de saint Pierre, se retrouve à gauche de la porte principale de Saint-Gilles au-dessus des statues de saint Pierre et de saint Jean. Elle est suivie à Beaucaire du Lavement des pieds et de la Cène ; il en est de même à Saint-Gilles. On a ensuite, sauf les interversions que j'ai signalées, le Baiser de Judas, le Christ devant Caïphe, le Portement de Croix, que l'on retrouve au côté droit de la façade de Saint-Gilles ; enfin les Saintes femmes achetant les parfums, et venant au tombeau du Christ, qui occupent à Saint-Gilles le linteau de la porte de droite.

Chose intéressante à constater, ce parallélisme se poursuit dans maint détail des scènes représentées. Ainsi, les Saintes femmes achetant les parfums sont figurées de même dans les deux cas : à droite de la composition, debout devant le comptoir derrière lequel siège le marchand qui tient des balances à la main; et, auprès du marchand on voit dans l'un et l'autre exemple un personnage accessoire accoudé sur le comptoir.

Mêmes similitudes de détail, pour les Saintes femmes au Tombeau; car le sarcophage dans lequel le Christ a été enseveli a, dans les deux suites, un couvercle de même forme, laissant passer un bout de linceul, et le coffre du sarcophage a reçu la même décoration de cercles gravés. On peut faire de pareils rapprochements jusque dans les scènes qui au premier abord se ressemblent le moins. Ainsi pour la Flagellation : à Saint-Gilles, c'est un des groupes les plus mouvementés et les meilleurs: à Beaucaire c'est un des plus médiocres, et dont le dessin est le plus mou et le plus gauche; tous deux cependant ont un trait commun et bien caractéristique : c'est la façon bizarre dont le Christ embrasse de ses deux bras nus la colonne sans chapiteau à laquelle il est appuyé. Enfin, dans le Baiser de Judas, la frise de Beaucaire nous montre derrière le traître qui pose ses deux mains sur les épaules de son Maître, un Juif coiffé d'un haut bonnet en forme de mitre orientale, et le même personnage, avec la même coiffure, se retrouve à Saint-Gilles derrière l'apôtre infidèle. Il y a plus, j'ai signalé dans les bas-reliefs de Saint-Gilles l'étrange physionomie de ce personnage à moustaches qui rappelle plutôt les contemporains de Louis XIII que ceux de Philippe-Auguste, or nous retrouvons son proche parent à Beaucaire dans l'individu qui tourne le dos aux deux bourreaux qui suivent le Christ portant sa croix (fig. 31, n° 9).

Que conclure de tout cela?

Est-ce assez pour faire supposer des relations très étroites entre l'atelier de Saint-Gilles et les artistes qui ont décoré l'église Notre-Dame des Pommiers? Je n'ose le prétendre, car la différence d'aspect de leurs productions est trop accentuée, et les figures de Beaucaire ont une gaucherie, une naïveté, un archaïsme qui ne permettent guère de les croire contemporaines de celles de Saint-Gilles. Mais ces rapprochements suffisent pour nous empêcher de trop vieillir les sculptures de Notre-Dame des Pommiers. M. le chanoine Durand les a attribuées au XIe siècle, à 1095, « époque, dit-il, où fut restaurée l'église de Beaucaire bâtie en 856 ». J'ignore à quelle source sont puisées ces dates précises[1], mais je ne saurais y souscrire. Qu'il y ait quarante ou cinquante ans d'écart entre les bas-reliefs de Saint-Gilles et la frise de Beaucaire, on peut encore l'admettre. Cela reporterait cette dernière au second quart du XIIe siècle. Il me paraît impossible de la vieillir davantage.

Cette date d'ailleurs est confirmée par l'étude de la Vierge bien connue qui accompagnait jadis ces bas-reliefs, et qui, moins heureuse, a passablement souffert, car on lui a cassé la tête que Mérimée trouvait « d'une rare beauté[2] » et l'Enfant Jésus a été également décapité. Les deux têtes ont été remises dans ces dernières années (fig. 32), mais quelle est leur valeur, dans quelle mesure reproduisent-elles la physionomie de l'œuvre primitive, ce sont des points sur lesquels je ne saurais me prononcer[3].

Les appréciations les plus contradictoires ont été mises en avant quant à l'âge de cette œuvre d'art. Millin semble croire qu'elle est contemporaine de la restauration de l'église Notre-Dame par Raymond, comte de Toulouse. Blaud, qui le premier en publia un dessin, vers 1819[4], y voit une œuvre de la Renaissance, Mérimée la dit byzantine et la place au XIIe siècle[5]. Castellane qui la mentionne à propos de la

1. Il dit les tenir de M. Goiffon, mais sans autre indication (*Bull. du Comité de l'art chrétien du diocèse de Nîmes*, t. VII, p. 209-210).

2. Cette Vierge est aujourd'hui conservée dans la maison de Mlle Millet voisine de l'église Notre-Dame. M. le chanoine Étienne, archiprêtre de Beaucaire, qui a bien voulu me fournir ces renseignements par l'intermédiaire de M. l'abbé Nicolas, m'apprend que cette maison appartenait, au XVIIIe siècle, à la famille de Narbonne-Pelet. Un membre de cette famille, Claude-François de Narbonne-Pelet, plus tard évêque de Lectoure, était doyen de Notre-Dame des Pommiers à l'époque où l'église fut reconstruite ; on suppose que c'est lui qui aura fait transporter la Vierge dans la maison paternelle pour la préserver de tout accident pendant la durée des travaux. Remarquons toutefois que Millin dit expressément avoir vu cette Vierge *au milieu* du portail (*Voyage*, t. III, p. 434).

3. On remarquera également que la main droite de la Vierge est refaite, et mal refaite.

4. *Archéologie de la ville de Beaucaire* (in-4°, 1819).

5. Voici comment il l'apprécie : « Une fort belle Vierge byzantine en bas-relief a été acquise par M. Goubier, maire de la ville. La tête de la Vierge est d'une rare beauté, et les draperies sont plus

curieuse inscription qu'on lit sous ses pieds fait remarquer, — mais on sait qu'il est sujet à caution, — que la forme des lettres semble indiquer la fin du XIIe ou le XIIIe siècle [1].

Revoil ne s'est pas prononcé ; mais dans les quatre lignes insi-

Fig. 32. — Vierge de Notre-Dame des Pommiers, à Beaucaire.

gnifiantes qui font tout le commentaire de la belle planche qu'il lui a consacrée, il la rapproche des œuvres de Brunus de Saint-Gilles [2].

souples et plus moëlleuses qu'on n'est accoutumé de les voir dans la sculpture du XIIe siècle » (*Voyage dans le Midi de la France*, p. 357).

1. *Supplément aux inscript. du Ve au XVIe siècle recueillies principalement dans le Midi de la France*, p. 49 du tirage à part.

2. *Archit. romane du Midi de la France*, t. III, p. 29, et pl. LXI.

Enfin M. Marignan la place au XIIe siècle, sans motiver son opinion autrement qu'en faisant remarquer « la pose de l'Enfant et la froideur des draperies sèches et raides[1]. » Mais cette raison paraîtra peu convaincante, car elle s'appuie sur une appréciation en contradiction flagrante avec celles de Mérimée et de Revoil. Cela montre une fois de plus combien les considérations purement esthétiques sont chose arbitraire, et à quel point les archéologues doivent s'en méfier.

Laissant donc aux critiques d'art le soin de décider si les draperies de la Vierge de Beaucaire sont souples ou raides, je me contenterai d'observer que le style de la sculpture, la pose de l'Enfant Jésus, la forme et la décoration du siège de la sainte Vierge relèvent de l'art roman et ne laissent soupçonner encore aucune influence gothique. Seule l'inscription gravée sous les pieds de la Vierge pourrait fournir un argument favorable à la thèse de M. Marignan. Elle diffère beaucoup en effet de toutes celles que j'ai signalées au milieu des sculptures d'Arles et de Saint-Gilles. Celles-là étaient encore purement romanes, celle-ci nous offre des formes de lettres qui se rencontrent fréquemment jusque dans les premières années du XIIIe siècle[2], et l'abondance des ligatures ne saurait empêcher de l'attribuer à une date aussi tardive, car, dans le Midi, les lapicides du commencement du XIIIe siècle ont usé et abusé de ce genre d'abréviations autant et plus que leurs devanciers. C'est cela sûrement qui a engagé Castellane à attribuer la Vierge de Beaucaire au XIIIe siècle. Mais il y a trop d'exemples plus anciens d'inscriptions du même type pour que je croie devoir me ranger à son avis[3]. Les lettres de fantaisie comme celles qu'on rencontre ici sont déjà communes au début

1. *L'école de sculpture en Provence*, § 6 de la note des p. 56 et 57.

2. Comme l' O de GREMIO ; le D de RESIDET ; le T de SAPIENTIA ; l' N de IN.

3. Voir entre autres l'épitaphe de Munio, mort vers 1104 et publiée par Castellane (*Mém. de la Soc. archéol. du Midi de la France*, t. III, pl. I) ; celle de Bernard, sacriste de Saint-Étienne de Toulouse, mort en 1117 (Roschach, *Catal. du musée de Toulouse*, n° 672) ; celle de Raymond de Mataplana, à Elne, en 1144 (Castellane, *loc. cit.*, pl. IV) ; celles de Pierre Bernard, mort en 1173, et de Guillaume de Saint-Hilaire, mort en 1174, provenant toutes deux de Saint-Paul de Narbonne et conservées au musée de Toulouse (Roschach, nos 827 et 828).

du XIIe, elles sont restées trop longtemps en usage pour que l'on en puisse tirer un argument capable de contrebalancer ceux que l'on peut déduire du style général de cette statue, de l'attitude donnée à l'Enfant Jésus, de la forme des accessoires qui encadrent le groupe, et enfin de la place qu'il occupait au milieu d'autres œuvres qui ne paraissaient guère pouvoir être classées plus bas que le milieu du XIIe siècle.

SAINT-BARNARD DE ROMANS

Un peu moins anciennes sans doute sont les quatre belles figures d'apôtres (fig. 33) qui garnissent les piédroits de la porte principale de l'église Saint-Barnard, à Romans (Drôme). M. Vöge les rapproche des figures du cloître d'Arles[1], il aurait pu mieux encore les comparer à celles du portail de Saint-Gilles, car elles offrent une très grande analogie avec les statues sculptées par Brunus.

Un peu plus allongées et par suite plus élégantes que ces dernières, elles rappellent davantage la sculpture du Nord ; mais, par leur pose, par la façon de draper le manteau, de disposer les plis du vêtement, sur les bras notamment, par la manière de traiter les cheveux, de figurer les sandales aux pieds des apôtres, enfin par le style des lettres gravées sur les livres que tiennent saint Pierre et saint Jean, elles se rattachent sans conteste possible à l'atelier de Saint-Gilles. Elles s'y rattachent également par leur âge, car ce n'est pas au XIIIe siècle, comme le prétend M. Marignan, qu'elles appartiennent, mais à la seconde moitié du règne de Louis VII.

Mon savant confrère s'est laissé entraîner à les rajeunir à l'excès, trompé par leur ressemblance avec les sculptures de Saint-Gilles sur la date véritable desquelles il s'est mépris, et trompé en même temps par un examen trop sommaire des transformations dont l'église Saint-Barnard de Romans fut l'objet au cours du XIIIe siècle.

1. *Die Anfänge des monumentalen Styles*, p. 43.

S'il est incontestable, en effet, que des travaux considérables furent exécutés à Saint-Barnard, entre 1216 et 1266, par l'archevêque de Vienne, Jean de Bournin, une étude un peu attentive permet de reconnaître facilement que les parties du monument sur lesquelles ils ont porté ne sont pas celles où se voient ces sculptures. Le chœur et le transept ont été reconstruits de fond en comble. Quant à la nef, elle ne fut pas rebâtie, elle fut seulement remaniée, et quoique la substitution à la voûte romane d'une voûte d'ogives plus élevée y ait introduit d'importants changements, elle a conservé de nombreux restes de l'édifice roman auquel appartenait le portail ; on y remarque des arcatures en plein cintre, des chapiteaux évidemment contemporains de ceux d'Arles ; et, quand on regarde de près les maçonneries avec lesquelles ces restes font corps, on voit qu'elles sont intimement liées à celles de la façade et du portail.

M. Marignan a donc commis une grosse erreur en affirmant que le portail avait été fait au moment où l'architecte élevait le chœur et construisait le transept [1].

Il n'y a au surplus aucun rapport entre l'architecture du chevet et celle du portail ; ici, c'est encore le style roman, les chapiteaux dérivés du type corinthien, les voussures en plein cintre ornées de tores, comme aux portes d'Arles ou de Saint-Gilles ; là, nous avons des moulures d'un tout autre type, des arcs nettement brisés, des chapiteaux à crochets pareils à ceux qu'on faisait dans le Nord au début du règne de saint Louis, en un mot une construction visiblement inspirée des œuvres françaises du commencement du XIIIe siècle.

Les sculptures du portail de Saint-Barnard de Romans sont donc des œuvres romanes, contemporaines des grandes figures du portail de Saint-Gilles, ou de peu postérieures, elles sont dues à la même influence, à la même école ; et l'on peut être certain de ne pas se tromper beaucoup en les classant entre 1160 et 1180 environ.

1. *La sculpt. en Provence*, p. 49.

Fig. 33. — Statues flanquant la porte de l'église Saint-Barnard, à Romans.

MAGUELONNE

A la fin de cette période se place chronologiquement la curieuse porte de la cathédrale de Maguelonne dont j'ai signalé plus haut l'intéressant rinceau, si semblable à celui qui orne la face inférieure du linteau de la porte de Saint-Trophime d'Arles[1] (fig. 20).

Seul de tous les monuments qui nous occupent, celui-ci est daté avec précision. Une inscription gravée sur le bandeau qui encadre le rinceau nous apprend que ce travail fut exécuté en 1178. Malheureusement, il semble bien que les dispositions primitives de cette porte ont été modifiées. M. Marignan le pense[2], et je le crois comme lui. Le tympan, en effet, est encadré par un arc beaucoup plus brisé qu'il n'est d'usage au XIIe siècle dans le Midi. La figure du Christ qui en orne le milieu n'a pas l'aspect des sculptures du XIIe siècle. La forme recherchée de l'auréole qui entoure le Christ, les plis savants et élégants de son vêtement, l'ange debout au-dessus du lion avec sa pose un peu théâtrale, sa figure joufflue, sa jambe et ses bras nus, grassouillets comme des membres d'enfant, rien de cela n'est roman. C'est une œuvre gothique que j'attribuerais volontiers à quelque main étrangère.

Quant aux deux apôtres qui flanquent les piédroits de la porte, ils n'ont avec le tympan aucun rapport de style ni de date.

Il suffit, pour être convaincu que ce sont deux morceaux conservés d'un portail plus ancien, de remarquer la façon dont s'agencent les blocs dans lesquels ils sont sculptés et l'interruption du cadre de moulures qui borde ces blocs. Il est facile de s'assurer qu'ils proviennent d'un tympan en plein cintre appartenant à une porte plus grande que celle que nous voyons, et dont le diamètre devait coïncider à peu de chose près avec la longueur du linteau qui les surmonte. Il me paraît donc infiniment probable qu'apôtres et linteau sont de même provenance et par conséquent de même date. C'est d'ailleurs

1. Voir ci-dessus p. 76, et la fig. 20, p. 77.
2. *L'école de sculpt. en Provence*, p. 55, note 1.

un travail médiocre, et sans relief, dont l'apparence archaïque ne vient pas seulement de la maladresse de l'artiste, mais aussi de la dureté de la pierre employée, qui égale presque celle du marbre dont elle a pris le poli.

SAINT-GUILHEM DU DÉSERT

C'est sans doute vers la même date qu'il faut classer les deux curieuses figures d'apôtres conservées à Saint-Guilhem du Désert. M. Marignan les apprécie un peu trop dédaigneusement[1], et les met, sans en donner les raisons, à la fin du XIIe siècle ou au commencement du XIIIe. Elles méritaient plus d'attention, car l'une au moins, celle de droite, est fort belle, et pourrait soutenir, sans trop de désavantage, la comparaison, avec les meilleures productions de nos écoles septentrionales (fig. 34).

FIG. 34. — Statues à St-Guilhem du Désert.

Les proportions du corps sont en effet plus allongées que dans les sculptures d'Arles ou de Saint-Gilles, les traits du visage ont une distinction que je ne retrouve pas dans ces dernières, enfin les cheveux sont traités d'une tout autre façon, car, au lieu de les masser en boucles épaisses, comme dans la statuaire gallo-romaine, le sculpteur les a figurés sous forme de longs traits parallèles, comme faisait l'auteur du Christ du tympan de Chartres.

Mais faut-il aller dans le Nord chercher le modèle de cette sculpture, quand dans la province ecclésiastique dont dépendait Saint-Guilhem, à Toulouse, nous trouvons nombre d'œuvres conçues dans le même esprit[2] et présentant des particularités analogues[3].

1. Je pense du moins que c'est de celles-là qu'il veut parler au § 5 de la grande note qui occupe la page 56 de son mémoire sur la sculpture provençale.

2. Voir les chapiteaux du musée de Toulouse reproduits par M. Mâle (*Les chapiteaux romans du Musée de Toulouse et l'École toulousaine du* XIIe *siècle* dans la *Revue archéologique de* 1892).

3. Celle de gauche a les jambes croisées comme la plupart des figures provenant de l'ancienne salle capitulaire de Toulouse et conservées aujourd'hui au musée de cette ville.

Quoi qu'il en soit, c'est dans le dernier quart du XIIe siècle qu'il faut ranger ces deux statues et plutôt au commencement qu'à la fin de cette période.

SAINT-PIERRE DE REDDES

Je ne crois pas devoir attribuer à une époque plus reculée le joli bas-relief conservé à Saint-Pierre de Reddes (Hérault) et que Revoil a fait connaître[1]. Il représente le prince des apôtres, assis, tenant les clefs et coiffé de la mitre épiscopale. Plus fin que la plupart des sculptures que je viens d'énumérer, ce joli morceau rappelle plus qu'aucune d'elles le faire de la sculpture chartraine du XIIe siècle. Mais on y relève un détail important qui doit nous empêcher de le trop vieillir, c'est la forme de la mitre donnée à saint Pierre. Celle-ci est, en effet, triangulaire, comme celle qui coiffe le saint Trophime du portail d'Arles. J'ai dit plus haut ce qu'on devait penser de cette forme. J'ai montré qu'elle ne s'était généralisée dans le Midi qu'aux environs de l'an 1200 ; il est donc difficile de reculer au delà de cette date le bas-relief de Saint-Pierre de Reddes.

MONTMAJOUR

Pour en finir avec les sculptures de la famille qui nous occupe il me reste à mentionner les statues qui se voient dans le cloître de Montmajour et qui flanquent la porte de l'ancien réfectoire[2].

Elles sont si mutilées qu'on ne peut dire avec certitude ce qu'elles représentent. M. Marignan en a fait « deux personnages religieux ». Revoil y a reconnu un comte et une comtesse de Provence, et il a cru pouvoir attribuer à celle de droite, dont la tête manquait, une tête de femme couronnée qu'il a retrouvée dans les décombres. « Sa coiffure ornée de bandelettes, ajoute-t-il, et le faire de cette

1. *Archit. romane du Midi*, t. I, p. 28, fig. 1. — Il avait été signalé antérieurement par Renouvier (Voir Sabatier. *Études et notes archéol. sur les châteaux, abbayes et églises de l'ancien diocèse de Béziers*, p. 71 à 74).

2. Revoil. *Archit. romane*, t. II, pl. 87.

statue ne peuvent être attribués qu'au commencent du XIIe siècle »[1]. M. Marignan, au contraire, affirme que « ces statues sont du commencement du XIIIe siècle. C'est de l'art *décadent* du Nord ». L'épithète me paraît singulière, et j'aime mieux ne retenir de la note de mon savant confrère que cette observation qui est très juste, c'est que les vêtements sont ici traités comme dans les figures de Chartres. Revoil avait déjà fait cette remarque. Voilà donc un point sur lequel nous sommes tous d'accord, et qui nous permet de rectifier ce qu'ont d'excessif les opinions que je viens de rappeler. Ces figures sont des imitations de celles de Chartres, elles sont donc vraisemblablement du dernier quart du XIIe siècle.

Je ne prétends pas avoir épuisé la série des monuments sculptés qui ont pu se conserver dans la région de la France sur laquelle s'est exercée l'influence de l'école de sculpture qui se forma en Provence au cours du XIIe siècle. Mais je crois en avoir dit assez pour qu'il soit possible de se faire une opinion sur le très important problème soulevé par les recherches de M. Vöge.

Est-il vrai, comme il l'a prétendu, que l'école provençale a devancé l'école de l'Ile de France, et qu'elle a pu avoir une influence sur le développement des ateliers auxquels nous devons les merveilleuses figures de Chartres et leurs dérivés ?

J'estime qu'on peut en toute assurance répondre non.

Ce n'est pas que les sculptures de Chartres soient aussi anciennes que certains le croient, mais elles sont certainement antérieures à celles d'Arles, et, s'il est possible que la partie basse de la façade de Saint-Gilles soit contemporaine des grandes figures du portail de Chartres, peut-être même un peu antérieure à celles-ci, ces dernières ne lui ont rien emprunté, d'abord parce que les artistes du Nord n'ont pu venir s'inspirer d'une œuvre à peine entamée, et dont la réputation n'a dû parvenir dans la région où ils travaillaient que bien longtemps après.

1. *Ibid.*, t. II, p. 31.

en second lieu, parce qu'il n'y a aucun rapport de style entre les œuvres sorties du ciseau de Brunus et les figures du Portail royal.

Ces dernières sont fines et délicates, leurs proportions sont très allongées, leur tête est souvent petite par rapport à la longueur du corps, les vêtements forment de petits plis nombreux rappelant ceux qui caractérisent certaines sculptures grecques archaïques, les visages sont ordinairement traités avec élégance et ont un cachet de distinction qui manque à la plupart des sculptures provençales.

Celles-ci ont un tout autre aspect. Ce n'est pas à la sculpture grecque archaïque qu'elles font songer, mais à la sculpture gallo-romaine ou aux sarcophages chrétiens du IVe siècle. La sculpture provençale a conservé de ses modèles certaine noblesse d'allures, certain art dans la façon de draper les figures ; mais elle en a aussi pris et exagéré les défauts : lourdeur dans l'exécution, manque de finesse dans le détail, mauvaises proportions des figures qui sont généralement trop courtes et dont les têtes ont souvent une grosseur exagérée, manque de distinction dans les physionomies, qui va parfois jusqu'à la vulgarité et à la laideur.

En un mot les différences entre ces deux écoles de sculpture sont tellement accentuées que, même si la chronologie des monuments ne rendait pas impossible une pareille filiation, on serait en droit d'affirmer que nos écoles du Nord ne procèdent pas de l'école de Provence.

Peut-on, par contre, supposer que nos sculpteurs du bassin de la Seine aient exercé quelque influence sur leurs émules du bassin du Rhône ? La chose est plus vraisemblable. M. Marignan l'a finalement admise, prenant ainsi le contrepied de la thèse de M. Vöge, qui l'avait si fort séduit au début. Pour moi, je me garderai de nier complètement cette influence, mais je la crois moindre que ne l'a dit mon savant ami, et je crois qu'elle ne s'est guère exercée avant l'extrême fin du XIIe siècle.

M. Marignan a cru en trouver des traces assez nombreuses dans les grandes figures du portail d'Arles. « Il a fallu, dit-il, la naissance des sculptures de la cathédrale du Mans, de celles d'Etampes et de Bourges, enfin de Romans, pour arriver à la création de pareilles statues[1]. »

Mais c'est là une affirmation[2] à laquelle on ne peut souscrire sans méconnaître totalement les différences profondes qui séparent ces œuvres et que je viens d'énumérer[3].

J'en dirai autant des grandes figures du portail de Saint-Gilles, et de la plupart[4] des bas-reliefs qui les surmontent[5].

M. Marignan a relevé, comme une preuve de l'influence septentrionale, cette façon de « faire croiser les jambes des personnages », que l'on remarque dans deux des statues du portail de Saint-Gilles. Effectivement même attitude bizarre se retrouve dans quelques statues de nos premières églises gothiques. Il y en a des exemples à la façade de Chartres[6], il y en avait un ou deux à la façade de Saint-Denys[7], il y en a un au portail de la cathédrale de Senlis[8].

Mais ce sont des exemples isolés, et, pour avoir le droit de dire que les sculpteurs de Saint-Gilles les ont pris comme modèles, il

1. *Étude sur la sculpture en Provence*, p. 26.

2. M. Marignan n'indique pas d'ailleurs bien clairement les points de rapport qu'il a cru découvrir entre ces deux catégories de sculptures. Le principal paraît être pour lui « cette mode, qui naquit à la fin du XIIe siècle dans le Nord, de simuler avec le manteau une ceinture aux petits plis qui entoure les reins » (*Ibid.*, p. 10). Mais il se trompe singulièrement en attribuant l'invention de cette mode aux artistes du Nord de la France du temps de Philippe Auguste, car cette façon de draper le manteau est des plus anciennes, les Romains la connaissaient déjà, on la trouve sur maint sarcophage chrétien et dans une foule de miniatures ou d'œuvres d'art byzantines, elle ne peut donc à aucun degré servir de criterium dans la question qui nous occupe.

3. La ressemblance est plus grande entre les chapiteaux à figures du cloître d'Arles et ceux que l'on voit dans nos portails du Nord. Mais, si on tient compte à la fois et du style des figures et du style des ornements, on voit que ces chapiteaux procèdent beaucoup plutôt de cette brillante école à laquelle on doit les magnifiques morceaux conservés au musée de Toulouse et qui proviennent des cloîtres détruits de Saint-Sernin ou de la cathédrale.

4. Je dis *la plupart* seulement, parce que l'analogie des tympans des deux petites portes, et surtout de la frise de la Flagellation, avec la sculpture du Nord est beaucoup plus accentuée.

5. M. Marignan déclare lui-même en signalant la vulgarité de certaines figures qu' « on dirait que ce petit coin de Provence n'a pas été sous le charme des artistes idéalistes du Nord au XIIIe siècle » (*Ibid.*, p. 46).

6. On n'en trouve pas dans les grandes figures du Portail royal ; mais il y en a plusieurs dans les figurines qui décorent le tableau même des trois portes de cette façade.

7. Voir les dessins exécutés pour Montfaucon et que j'ai fait reproduire, pl. VIII, fig. 1 et 2.

8. Voir la fig. 53 de Vöge (*Op. cit.*, p. 307).

faudrait que la même particularité ne se retrouvât pas dans quelque autre école plus voisine de la leur et dont l'influence sur eux ne soit pas autrement certaine.

Or, dans le Midi même, a fleuri au XIIe siècle une grande et brillante école de sculpture, dont l'influence sur l'école d'Arles et de Saint-Gilles est facile à établir, c'est celle qui rayonnait autour de Toulouse et de Moissac. Les habiles artistes qui lui ont donné tant d'éclat aimaient précisément à camper ainsi leurs personnages, et les exemples en sont relativement nombreux dans ce qui nous reste de leurs œuvres. Ainsi dans les douze figures d'apôtres qui ornaient les piédroits de la salle capitulaire de la cathédrale de Toulouse, il y en a cinq au moins qui présentaient cette attitude [1]. On la retrouve encore sur plusieurs des chapiteaux qui ornaient le cloître de la même église [2] ou celui de la Daurade [3].

On la remarque également dans deux des figures du beau portail de Moissac [4] et dans une de celles qui ornaient jadis la porte principiple de l'église de Souillac [5].

En voilà assez, il me semble, pour qu'il ne soit pas nécessaire d'aller chercher dans le Nord les modèles dont se sont inspirés les sculpteurs des grandes figures de Saint-Gilles.

J'ai peine à trouver des traces plus certaines de l'influence septentrionale dans les bas-reliefs de la cathédrale de Nimes, dans les statues du portail de Saint-Barnard de Romans, dans les bas-reliefs de Maguelonne, et dans la frise ou la Vierge de Beaucaire. Je ne puis nier au contraire que les statues de Saint-Guilhem du Désert,

1. Elles ont été reproduites par M. Vöge, aux p. 71-73 de son livre, fig. 20, 21, 22.

2. Voir le chapiteau des Vierges folles (n° 651 c. du Catalogue du musée de Toulouse de M. Roschach), reproduit par M. Mâle, *Revue archéol.*, 1892, pl. XVII. M. Vöge (p. 85) y a vu à tort l'Annonciation.

3. Voir le chapiteau du Baiser de Judas (Mâle, *Revue archéol.*, 1892, pl. XVIII).

4. L'ange qui se tient à gauche du Souverain juge au milieu du tympan ; et l'avare qui porte un diable à cheval sur ses épaules, au côté gauche du porche (Voir *Album du musée du Trocadéro*, pl. 17 et 18).

5. Voir *Album du musée du Trocadéro*, pl. 24. Cette belle figure d'apôtre est revêtue d'une tunique au col orné de broderies avec des cabochons qui ont quelque analogie avec celles qui ornent le manteau de saint Pierre au portail de Saint-Gilles.

que le bas-relief de Saint-Pierre de Reddes, et que les statues du cloître de Montmajour[1], ne témoignent d'une parenté certaine avec les figures du portail de Chartres. Mais toutes ces œuvres, on l'a vu plus haut, ne datent que d'une époque très avancée du XIIe siècle. J'en conclus que l'école de Provence s'est constituée indépendamment de l'école française et qu'elle n'a commencé à se laisser pénétrer par celle-ci qu'à une époque relativement tardive. Ce n'est donc pas à Chartres que ses fondateurs et ses plus grands maîtres se sont formés. C'est dans le Midi même, sous l'influence de ce grand mouvement artistique qui se produisit dans toute la moitié méridionale de la France au cours du XIIe siècle et dont Toulouse fut un des centres les plus brillants.

L'école de Provence procède bien plus de celle de Toulouse que de celle de Chartres : les monuments qui en peuvent donner la preuve existent encore en assez grand nombre pour mettre cette vérité hors de doute, le jour où la chronologie en sera établie avec plus de certitude, et où des reproductions fidèles permettront d'aborder en toute sécurité l'étude approfondie dont ils sont dignes.

1. Il y a sur un des piliers du cloître de Montmajour un bas-relief dans lequel l'influence septentrionale est encore plus évidente que dans les deux statues dont j'ai parlé plus haut. C'est une figure d'abbé surmontée d'un motif d'architecture. La figure, par ses proportions lourdes et ses formes trapues, dénote bien une main méridionale, mais l'arc tréflé qui la couronne et dont l'extrados est orné de crochets est visiblement inspiré des modèles adoptés au Nord de la Loire depuis la fin du règne de Louis VII (Voir une reproduction de ce bas-relief, dans Revoil, *Archit. romane du Midi de la France*, t. II, pl. XI.

TABLE DES MATIÈRES

TABLE DES PLANCHES

TABLE DES GRAVURES

DANS LE TEXTE

PLANCHES

ERRATUM

Page 67, note 1, *au lieu de* : Constantin de Jaunac, *lisez* : Constantin de Jarnac.

Page 108, ligne 14, *au lieu de* : Judas rapportant l'argent qu'on lui a donné pour trahir le Christ, *lisez* : Judas recevant le prix de sa trahison.

CHARTRES. — IMPRIMERIE DURAND, RUE FULBERT.

PORTAIL ROYAL DE CHARTRES

Pl. 11

CATHÉDRALE DE CHARTRES

Porte Nord de la façade royale

E. Leroux Edit. Héliog. Dujardin.

CATHÉDRALE DE CHARTRES

Tympan de la Porte Centrale de la façade royale

Leroux Edit. Héliog. Dujardin.

Pl. IV

1

1 2

CATHÉDRALE DE CHARTRES

2. La Charité sur Loire. Linteau de la porte Nord

Leroux Edit. Héliog Dujardin

CATHÉDRALE DE CHARTRES

Piédroits du portail royal

Héliog. Dujardin

Pl. VI

CATHÉDRALE DE CHARTRES

Piédroits du portail royal

CATHÉDRALE DU MANS

Piédroit du portail méridional

ÉGLISE ABBATIALE DE SAINT-DENYS

Figures ornant les pieds-droits du portail principal

E. Leroux, Edit.

Helling Dujardin

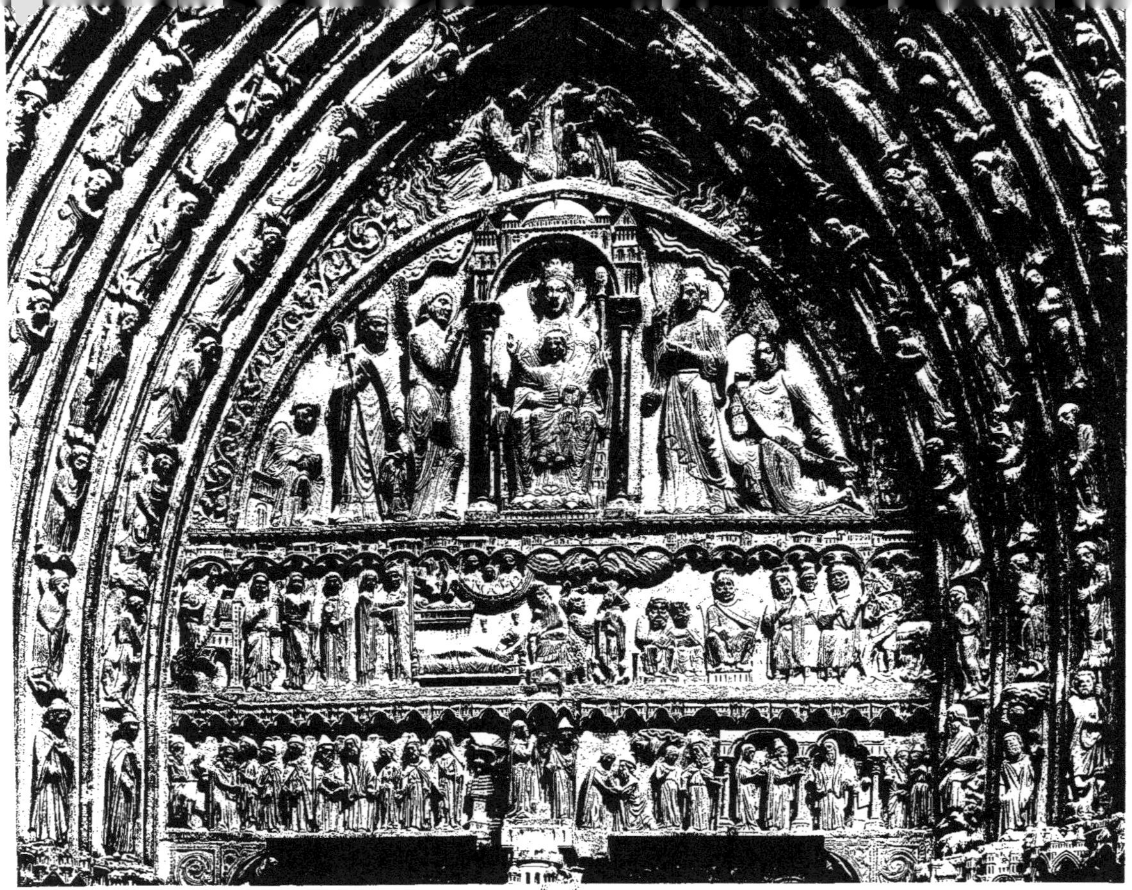

CATHÉDRALE DE PARIS

Tympan de la Porte Sainte-Anne

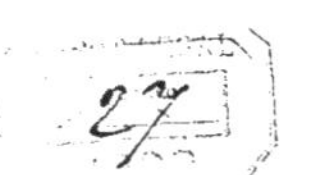

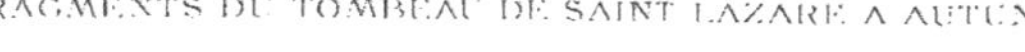

FRAGMENTS DU TOMBEAU DE SAINT LAZARE A AUTUN

CLOÎTRE D'ARLES

Pilier de l'angle Nord-Ouest

Héliog. Dujardin

Pl XII

SAINT TROPHIME D'ARLES
Porte principale

Héliog. Dujardin

PL. XII

SAINT TROPHIME D'ARLES
Coté gauche de la façade

SAINT TROPHIME D'ARLES

Coté gauche de la porte principale

Coté droit de la porte principale

Héliog. Dujardin

SAINT TROPHIME D'ARLES
Coté droit de la façade

Pl. XVI

SAINTE MARTHE DE TARASCON

Porte latérale

E. Leroux, Edit. Héliog. Dujardin.

PL. XVII.

FAÇADE DE SAINT-GILLES
Côté gauche

E. Leroux, Edit. Héliog. Dujardin

Pl. XVII

FAÇADE DE SAINT-GILLES
Porte principale _ Coté Gauche

Pl. XIX

FAÇADE DE SAINT-GILLES
Porte principale _ Coté droit

E. Leroux Edit.

Heliog. Dujardin

Pl. XX.

FAÇADE DE SAINT-GILLES
Côté droit

E. Leroux Edit.

Héliog. Dujardin

FAÇADE DE SAINT-GILLES

Détails de la frise.

FAÇADE DE SAINT-GILLES
Portes latérales

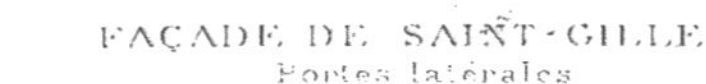

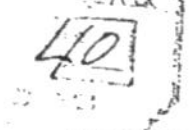

www.ingramcontent.com/pod-product-compliance
Ingram Content Group UK Ltd.
Pitfield, Milton Keynes, MK11 3LW, UK
UKHW020244250726
13967UKWH00004B/1508